westermann

Arndt Beiderwieden, Christoph Stickdorn

Personalwirtschaft

Arbeitsbuch

15. Auflage

Bestellnummer 36493

Kostenpflichtige Zusatzmaterialien zu „Personalwirtschaft“

Für Lehrerinnen und Lehrer:

Material inklusive Lösungen zum Arbeitsbuch: 978-3-427-36495-5
Material inklusive Lösungen zum Arbeitsbuch Download: 978-3-427-36494-8

Zu diesem Produkt sind digitale Zusatzmaterialien kostenlos online für Sie erhältlich. Sie können diese ganz einfach über die Eingabe des nachfolgenden Codes im Suchfeld unter www.westermann.de abrufen.

BVE-36493-001

Druck und Bindung: Westermann Druck GmbH, Georg-Westermann-Allee 66, 38104 Braunschweig

ISBN 978-3-427-36493-1

Vorwort

Liebe Schülerinnen und Schüler,

zunächst möchten wir Ihnen einige Fragen beantworten, die sich zu diesem Arbeitsbuch stellen:

Was versteht man unter Personalwirtschaft?

Die Personalwirtschaft (auch Personalwesen, Personalmanagement, Human Resources) hat im Kern die Aufgabe, das Unternehmen mit qualifiziertem Personal zu versorgen und dieses zu verwalten. In größeren Unternehmen gibt es dazu eine eigene Personalabteilung.

Was ist neu in dieser Auflage?

Neben einer vollständigen Überarbeitung der Vorauflage wurden in diese Auflage neu aufgenommen: Das Kapitel Personaleinsatz (Schwerpunkte: flexible Arbeitszeitgestaltung und Arbeit 4.0) und vertiefende Inhalte im Kapitel Personalführung (agile Führung, Anreizsysteme).

Wie arbeite ich mit diesem Buch?

- Schauen Sie bitte zu Stundenbeginn kurz in das **Inhaltsverzeichnis**. Es hilft Ihnen, fachliche Zusammenhänge zu verstehen und die Übersicht zu behalten.
- Lesen Sie bitte immer erst die **Infotexte** (blau hinterlegt), *bevor* Sie mit den Arbeitsaufträgen beginnen. Dort finden Sie alles, was Sie für die Bearbeitung brauchen.
- Fachbegriffe finden Sie im **Sachwortverzeichnis** am Ende des Buches.
- Am Ende jedes Kapitels finden Sie im Abschnitt **Kompaktwissen** Zusammenfassungen und Begriffsübersichten. Diese helfen Ihnen bei der Vorbereitung von Klausuren und Prüfungen.
- Irren ist menschlich. Deshalb verwenden Sie bitte einen **weichen Bleistift** (wir empfehlen einen Druckbleistift mit 0,7B-Minen) und ein **Radiergummi.**
- Nutzen Sie bitte auch die **Online-Dateien**, die auf der Internetseite des Verlags (www.westermann.de) hinterlegt sind. Bitte geben Sie dazu den Webcode (Seite 2) im Suche-Fenster ein.
- Prüfen Sie Ihre persönlichen Lernfortschritte mit der **Kann-Liste** (siehe Buch+Web-Dateien, Zugangscode auf Seite 2).

Welche Titel gibt es noch in dieser Reihe?

Danke schön!

Abschließend möchten wir uns bei allen Personen bedanken, die uns bei der Entwicklung dieses Titels tatkräftig unterstützt haben, insbesondere bei Dr. Detlef Hanisch (Geschäftsgebietspersonalleiter, Siemens Energy), Dr. Martin Nanzka und Dr. Henning Kluge (Fachanwalt für Arbeitsrecht) sowie bei unserem Kollegen Dierk Castedello. Wir freuen uns auch über Ihre Anregungen und Kritik, die Sie uns jederzeit unter Angabe der Bestellnummer über service@westermann.de zukommen lassen können.

Arndt Beiderwieden, Christoph Stickdorn

Inhaltsverzeichnis

A Einführung

1 Erkunden der Decker GmbH

Die Decker GmbH ist ein mittelständisches Industrieunternehmen aus Köln, welches sich auf die Produktion elektronischer Steuerungselemente für Kraftwerke spezialisiert hat. Das Besondere an diesen Elementen ist ihre flexible Einsetzbarkeit, denn sie können dank einer patentierten technischen Lösung in ganz unterschiedliche Systeme eingebaut werden. Aus diesem Grunde ist das Unternehmen in der Lage, alle Energieversorgungsunternehmen weltweit zu beliefern. In unabhängigen Tests erzielen Steuerungselemente der Decker GmbH seit Jahren überdurchschnittlich gute Ergebnisse.

Steckbrief

Firma:	Decker GmbH	Gesellschafter/-innen:	Frau Grieve
Branche:	Elektronik		Herr Dr. Reich
Anschrift:	Escher Straße 5		Herr Nanzka
	50733 Köln	Geschäftsführer:	Herr Dr. Weber
Rechtsform:	GmbH	Mitarbeitende:	151
Handelsregister:	HRB 45167	Umsatz:	34,5 Mio. €

Unternehmensorganisation

Die Decker GmbH wird von Geschäftsführer Dr. Weber geleitet. Das Unternehmen besteht aus den Bereichen „Beschaffung“, „Produktion“, „Verwaltung“ und „Absatz“, denen insgesamt neun Abteilungen bzw. Organisationseinheiten untergeordnet sind. Die „Einkaufsabteilung“ beschafft Rohstoffe und Vorprodukte bzw. Fremdbauteile von den Lieferanten der Decker GmbH, welche im „Lager“ (Halle 1) bis zu ihrer Weiterverarbeitung zwischengelagert werden. In der „Fertigung“ (Halle 2) werden aus den Rohstoffen und den Vorprodukten bzw. Fremdbauteilen neue Komponenten gefertigt, welche anschließend in der Abteilung „Montage“ (Halle 3) zusammengebaut und elektronisch integriert werden. Die „Personalabteilung“ ist zuständig für die Verwaltung der Mitarbeiterinnen und Mitarbeiter der Decker GmbH. Für die Finanzbuchhaltung und die Kostenrechnung ist die Abteilung „Rechnungswesen“ zuständig. Die „IT-Abteilung“ kümmert sich um alle Computerangelegenheiten und das betriebliche Netzwerk. Die Abteilung „Marketing“ ist zuständig für die Erforschung der Absatzmärkte und die Planung aller langfristigen Marketingaktivitäten. Sie arbeitet eng zusammen mit der Abteilung „Verkauf“, welche den alltäglichen Abverkauf der Produkte verantwortet.

ARBEITSAUFTRÄGE

1. Skizzieren Sie mithilfe der vorliegenden Informationen das Organigramm[1] der Decker GmbH.

2. Decker-Quiz: Kreuzen Sie die zuständige Abteilung an.

Diese Abteilung	EK	LA	FE	MO	PE	RW	IT	MA	VK
a) telefoniert mit den Kunden.									
b) schaltet Stellenanzeigen in der Zeitung.									
c) produziert alle neuen Teilkomponenten.									
d) bucht alle Geschäftsfälle auf Konten.									
e) führt die Inventur durch.									
f) ermittelt den Bedarf an Personal.									
g) plant Werbekampagnen.									
h) erstellt Gehaltsabrechnungen.									
i) führt Angebotsvergleiche durch.									
j) schraubt Teilkomponenten zusammen.									
k) entwickelt den betrieblichen Stellenplan.									
l) installiert die betriebliche Hard- und Software.									
m) erstellt am Jahresende die Bilanz.									
n) organisiert Fort- und Weiterbildungen.									
o) ermittelt und analysiert Personalkennzahlen.									

Legende: EK = Einkauf, LA = Lager, FE = Fertigung, MO = Montage, PE = Personal, RW = Rechnungswesen, IT = Information & Telekommunikation, MA = Marketing, VK = Verkauf

1 Organigramm: Plan, der die Aufbauorganisation (Hierarchie) eines Unternehmens in Form einer Baumstruktur darstellt

2 Darstellen der Aufgaben der Personalabteilung

ARBEITSAUFTRÄGE

1. Lesen Sie das nachfolgende Interview mit dem Leiter der Personalabteilung, Herrn Pinkawa, und stellen Sie die Aufgaben der Personalabteilung in einer Mindmap mit zwei Ebenen dar.

Wirtschaft Spezial im Kölner Kurier

Thema heute: Personalmanagement

Herr Pinkawa leitet die Personalabteilung der Decker GmbH

Kölner Kurier: Herr Pinkawa, diese Woche wollen wir unseren Leserinnen und Lesern das Thema „Personalmanagement" am Beispiel Ihres Unternehmens vorstellen. Aber schon hier muss ich nachfragen: Ist „Personalmanagement" eigentlich dasselbe wie „Personalwirtschaft"?

Pinkawa: Ja, die Begriffe können Sie synonym verwenden. Sie können ebenso „Personalwesen" oder „Human-Resource-Management" dazu sagen. Zuständig für dieses Fachgebiet ist die Personalabteilung.

Kölner Kurier: Aha, das bringt ja schon mal etwas Licht in die Sache. Vertritt die Personalabteilung die Interessen Ihres Personals?

Pinkawa: Nein, für die Interessenvertretung unserer Belegschaft gegenüber der Geschäftsführung ist unser Betriebsrat zuständig.

Kölner Kurier: Verstehe. Was ist denn Ihre Funktion? Kann man das in kurzen Worten zusammenfassen?

Pinkawa: Im Kern besteht unsere Funktion darin, unser Unternehmen mit Personal zu versorgen. Wir müssen sicherstellen, dass jede Abteilung in unserem Betrieb über die erforderlichen personellen Ressourcen verfügt.

Kölner Kurier: Personelle Ressourcen?

Pinkawa: Ja, denn aus Sicht des Unternehmens ist das Personal eine Quelle bzw. ein Einsatzmittel. So wie unser Einkauf unser Unternehmen mit Sachressourcen versorgt, so versorgen wir unser Unternehmen mit Personalressourcen. Daher der Begriff „Human Resources", kurz „HR".

Kölner Kurier: Dann vertritt die Personalabteilung also eher die Interessen des Arbeitgebers?

Pinkawa: Das kann man so sagen. Das bedeutet aber nicht, dass uns die Interessen unserer Mitarbeitenden egal sind. Schließlich wollen wir ja, dass unser Personal zufrieden und motiviert ist.

Kölner Kurier: Werden wir doch mal etwas konkreter: Welche Aufgabengebiete gibt es in Ihrer Abteilung und welche konkreten Tätigkeiten sind damit verbunden?

Pinkawa: Gehen wir die Aufgabengebiete doch einmal durch: Zunächst einmal kümmern wir uns um die Personalbedarfsplanung. Dabei planen wir sowohl den quantitativen als auch den qualitativen Personalbedarf für das Folgejahr.

Kölner Kurier: Was bedeuten die Begriffe *quantitativ* und *qualitativ* in diesem Zusammenhang?

Pinkawa: Quantitativ steht für mengenmäßig, also für die erforderliche Anzahl an Mitarbeiterinnen und Mitarbeitern. Qualitativ bedeutet, dass diese angemessen qualifiziert sind und damit die Stellenanforderungen erfüllen.

Kölner Kurier: Das leuchtet ein. Und dann?

Pinkawa: Und dann organisieren wir die Personalbeschaffung, also das Ausschreiben von Stellen, das Analysieren von Bewerbungsunterlagen und auch das Führen von Vorstellungsgesprächen.

Kölner Kurier: Und vermutlich das Aufsetzen von Arbeitsverträgen, oder?

Pinkawa: Das ordnen wir bei uns dem Aufgabengebiet der Personaleinstellung zu, zusammen mit dem Anlegen der Personalstammdaten.

Kölner Kurier: Mit Stammdaten meinen Sie Daten zur Person wie Geburtsjahr, Adresse usw.?

Kölner Kurier: Ja richtig. Darüber hinaus kümmern wir uns um den Personaleinsatz. Dazu gehören die Gestaltung der Arbeitsinhalte (z. B. die Zusammenfassung von Tätigkeiten zu einer Stelle), die Gestaltung des Arbeitsplatzes (z. B. Fragen der Ergonomie oder der digitalen Infrastruktur im Büro) und auch die Gestaltung der Arbeitszeiten (z. B. flexible Arbeitszeitmodelle wie z. B. Schichtpläne in der Produktion).

Kölner Kurier: Und Sie sind sicherlich auch für die Bezahlung Ihrer Leute zuständig?

Pinkawa: Viele Unternehmen haben die Personalentlohnung komplett an externe Dienstleister abgegeben. Wir machen die Entgeltabrechnungen für unser Personal selbst.

Kölner Kurier: Entgeltabrechnungen? Sind das Lohn- und Gehaltsabrechnungen?

Pinkawa: Ja richtig, Entgelt ist der Oberbegriff für Lohn und Gehalt. Allgemein gilt: Arbeiter haben die Hand am Produkt und erhalten einen zeit- oder leistungsabhängigen Lohn, Angestellte haben die Hand nicht am Produkt und erhalten ein gleichbleibendes Gehalt. Aus Gründen der Gleichbehandlung sprechen wir im Allgemeinen von „Arbeitsentgelt", aber im Rechnungswesen z. B. wird weiterhin zwischen Lohn und Gehalt unterschieden.

Kölner Kurier: Personalentlohnung bedeutet also Entgeltabrechnungen erstellen?

Pinkawa: Nicht nur: Dazu gehört auch das Erstellen von Entgeltlisten, auf denen die Beträge der einzelnen Entgeltabrechnungen für den Gesamtbetrieb aufaddiert werden. Und auch das Buchen der Entgelte gehört zur Personalentlohnung.

Kölner Kurier: Verstehe. Wie sieht es bei Ihnen mit Weiterbildungen aus?

Pinkawa: Machen wir auch, die gehören aber in das Aufgabengebiet der Personalentwicklung. Darunter verstehen wir das Qualifizieren des Personals und auch das Planen individueller Karrierewege in unserem Hause.

Kölner Kurier: Apropos Karriereplanung: Sie beschäftigen sich dann doch vermutlich auch mit Fragen der Personalführung, oder?

Pinkawa: Natürlich, die Personalführung ist sogar ein sehr wichtiges Aufgabengebiet. Hier analysieren wir alternative Führungsstile, davon gibt es ja so einige. Außerdem geht es darum, Anreizsysteme zur Motivation unseres Personals zu entwickeln. Darüber hinaus wählen wir Führungsmethoden aus, die wir für unser Unternehmen für geeignet halten.

Kölner Kurier: Müssen Sie auch Kündigungen aussprechen?

Pinkawa: Ja, auch das ist unsere Aufgabe. Das gehört, wie auch das Verfassen von Arbeitszeugnissen, in das Aufgabengebiet der Personalfreistellung.

Kölner Kurier: Puh, da kommt ja so einiges zusammen.

Pinkawa: Ja, Personalmanagement ist ein großes Feld. Und Sie dürfen das Personalcontrolling nicht vergessen.

Kölner Kurier: Auch noch! Was machen Sie da?

Pinkawa: Da ermitteln wir Personalkennzahlen. Anschließend werten wir diese aus und leiten Empfehlungen ab.

Kölner Kurier: Haben Sie ein Beispiel für so eine Kennzahl?

Pinkawa: Zum Beispiel die Krankheits- und die Fluktuationsquote oder die Arbeitsproduktivität.

Kölner Kurier: Ach sowas, ich verstehe. Und das war's?

Pinkawa: Das war's. Jedenfalls bei uns.

Kölner Kurier: Alle Achtung, ein umfangreiches Aufgabengebiet!

Pinkawa: Das stimmt. Und ein sehr lebendiges obendrein, denn wir haben es mit Menschen zu tun.

Kölner Kurier: Abschließend würden mich noch die wichtigsten Trends in Ihrem Fachgebiet interessieren. Was ändert sich? Wo geht bei Ihnen die Reise hin?

Pinkawa: Wir sehen drei Megatrends, die schon jetzt zu erheblichen Umbrüchen im Personalmanagement führen: Das sind Arbeit 4.0, agile Führungsmethoden und Employer Branding.

Kölner Kurier: Ich glaube, das müssen Sie unseren Leserinnen und Lesern erklären.

Pinkawa: Sehr gerne: Arbeit 4.0 bezeichnet die grundlegende Veränderung der Arbeitswelt, die sich durch die Verbreitung neuer Technologien, insbesondere durch die Digitalisierung ergibt. Das führt zu Veränderungen und Neuentwicklungen von Berufsbildern, Arbeitsabläufen, Arbeitszeiten, Arbeitsorten und Organisationsstrukturen. Beispielsweise könnte unsere IT-Administratorin ihren Job genauso gut auf einer karibischen Insel machen.

Kölner Kurier: Kein schlechter Arbeitsplatz!

Pinkawa: Nicht wahr? Der zweite Trend ist der Umbruch vom klassischen zum agilen Management. Agil bedeutet *beweglich* oder *wendig*. Treiber dieses Trends ist unsere schnelllebige Welt und die damit verbundenen laufendenden Änderungen der Marktanforderungen. Oftmals hindern uns traditionelle Strukturen im Unternehmen daran, flexibel auf solche Veränderungen zu reagieren.

Kölner Kurier: Verstehe. Und der dritte Trend?

Pinkawa: Nennt sich „Employer Branding“ und findet seinen Grund im Fachkräftemangel: Qualifizierte Bewerberinnen und Bewerber werden händeringend gesucht, die können sich ihren Arbeitsplatz heute ja praktisch aussuchen. Deshalb versuchen viele Arbeitgeber, eine positiv besetzte „Arbeitgebermarke“, eine „Employer Brand“, in den Köpfen der potenziellen Mitarbeiterinnen und Mitarbeiter zu verankern. Ziel ist es, in der unübersichtlichen Vielzahl an Unternehmen als attraktiver Arbeitgeber wahrgenommen zu werden.

Kölner Kurier: Werden sich diese Trends langfristig durchsetzen?

Pinkawa: Aus meiner Sicht kann man das nicht pauschal sagen, man muss da differenzieren. Einiges wird sich erfolgreich verbreiten, anderes ist auf bestimmte Branchen beschränkt und einiges könnte sich als heiße Luft herausstellen.

Kölner Kurier: Da dürfen wir alle gespannt sein. Herr Pinkawa, ich danke Ihnen für das interessante Interview!

2. Kreuzen Sie mithilfe des Interviews zu jeder Aussage an, ob sie richtig oder falsch ist. Erläutern Sie im Falle falscher Aussagen in kurzen Worten die richtige Sachlage.

Aussage	richtig	falsch	Erläuterung, wenn „falsch“
1 Die Begriffe „Personalwirtschaft“, „Personalmanagement“, „Personalwesen“ und „Human-Resource-Management“ (HR) sind synonym.			
2 Die Personalabteilung hat im Kern die Aufgabe, die Interessen der Belegschaft des Unternehmens gegenüber der Geschäftsführung zu vertreten.			
3 Die Mitarbeiterinnen und Mitarbeiter eines Unternehmens werden auch als „Sachressourcen“ bezeichnet.			
4 Die qualitative Personalbedarfsplanung gewährleistet, dass der Betrieb in im Folgejahr über eine ausreichende Anzahl an Beschäftigten verfügt.			
5 „Entgelt“ ist der Oberbegriff für Lohn und Gehalt.			
6 Das Personalmanagement plant auch Karrierewege für die Mitarbeiterinnen und Mitarbeiter des Unternehmens.			
7 Das Aufgabengebiet „Personaleinsatz“ beschränkt sich auf die Erstellung von Schichtplänen.			
8 Grundlegende Trends im Personalmanagement sind Arbeit 4.0, agile Führungsmethoden und Employer Branding.			
9 Der Fachkräftemangel führte in vielen Branchen zur Entstehung der Arbeitswelt 4.0 (= Arbeit 4.0).			
10 „Arbeit 4.0“ hat mit Strukturen von Unternehmen nichts zu tun.			

B Personalbedarfsplanung

Praxisfall „Decker GmbH“

1 Planen des quantitativen Personalbedarfs

Der Leiter der Personalabteilung, Herr Pinkawa, hat die Sachbearbeiterin Frau Siebertz zu einem kurzen Gespräch gebeten, um sie mit der Planung des Personalbedarfs für das Folgejahr zu beauftragen.

Siebertz: Guten Morgen Herr Pinkawa, Sie wollten mich sprechen?

Pinkawa: Guten Morgen Frau Siebertz. Ja, ich komme gerade aus der Abteilungsleitersitzung. Herr Voss vom Vertrieb berichtete, dass wir mit einer guten Auftragslage im nächsten Geschäftsjahr rechnen dürfen. Wir werden daher neues Personal benötigen. Ich würde Sie bitten, dass Sie noch diese Woche den Personalbedarf für nächstes Jahr planen.

Siebertz: Den quantitativen oder den qualitativen Personalbedarf – oder gleich beide?

Pinkawa: Gute Frage! Nein, erst mal nur den quantitativen, also den rein zahlenmäßigen Personalbedarf. Die Anforderungen und Qualifikationen planen wir erst danach.

Siebertz: Dann brauche ich also noch nicht zwischen Vorgesetzten und unterstellten Mitarbeiterinnen und Mitarbeitern zu unterscheiden, richtig?

Pinkawa: Ja richtig. Und die Geschäftsführung lassen Sie bitte unberücksichtigt. Ich habe hier noch ein paar Zu- und Abgänge, die wir demnächst erwarten *(übergibt einen Notizzettel, siehe unten)*. Die Zahlen bekommen Sie direkt von den Fachabteilungen, ich habe das bereits veranlasst.

Siebertz: Alles klar, ich kümmere mich drum.

Pinkawa: Danke – und viel Erfolg!

Notizen
• Frau Gabbert wird am 2. Januar aus der Abteilung *Einkauf* in das *Lager* versetzt. • Herr Seiler kehrt am 28. Oktober nach längerer Beurlaubung in das *Rechnungswesen* zurück. • Herr Schulte aus der *Montage* geht am 2. Dezember in Elternzeit. • Herr Brandt kehrt am Jahresende nach langer Krankheit in die *Fertigung* zurück. • Frau Sax aus der Abteilung *Verkauf* geht Anfang nächsten Jahres in den Ruhestand. • Herr Lehmann aus dem *Rechnungswesen* hat zum 15. Dezember gekündigt. • Herr Böhm wechselt am Ende dieses Jahres von der *Fertigung* in die *Montage*. • Frau Michalski kehrt zum Jahresende aus dem Mutterschutz zurück in den *Verkauf*. • Frau Hansen aus der *Marketingabteilung* verlässt die Decker GmbH zum Jahresende aus persönlichen Gründen. • Wir übernehmen zum 1. Februar unsere Auszubildenden Frau Barg und Herrn Fuhrken. Sie werden im Rechnungswesen eingesetzt.

Am Morgen des Folgetages findet Frau Siebertz mehrere Mails in ihrem E-Mail-Postfach:

Von: Hinnerk Hansen <hansen-verkauf@decker.de>
Betreff: Planabsatz und Planumsatz
Datum: 15. September 20.. 08:10:25 MESZ
An: Annika Siebertz <siebertz-personal@decker.de>

Moin Moin allerseits!

Ihr hattet nach dem Planabsatz und dem Planumsatz gefragt. Wir erwarten für nächstes Jahr einen Absatz in Höhe von 30.000 Stück (Nettoverkaufspreis 1.200,00 €), das wären rund 6.000 Aufträge.

Gruß aus dem Verkauf, Hinnerk

Von: Maja Schmidt <schmidt-einkauf@decker.de>
Betreff: Planung nächstes Jahr
Datum: 15. September 20.. 08:36:44 MESZ
An: Annika Siebertz <siebertz-personal@decker.de>

Guten Morgen in die Personalabteilung,

ich habe gerade den Planabsatz für nächstes Jahr reinbekommen und mal hochgerechnet. Auf dieser Grundlage erwarten wir bei uns im Einkauf rund 15.000 Bestellungen, das entspricht etwa 90.000 Lieferpositionen im Lager.

Gruß, Maja Schmidt

Von: Ulrike Jenkins <jenkins-rechnungswesen@decker.de>
Betreff: Personalkennzahlen
Datum: 15. September 20.. 09:15:56 MESZ
An: Annika Siebertz <siebertz-personal@decker.de>

Hallo Annika,

anbei die angefragten Kennzahlen (alle Angaben pro Jahr). Das sind Durchschnittswerte, die auf unseren Erfahrungen mehrerer Jahre beruhen:

- Abteilung Einkauf: 3.000 Bestellungen je Einkaufsmitarbeiter/-in
- Lager: 6.000 Lieferpositionen je Lagerarbeiter/-in
- Fertigung: 500 Stück je Fertigungsmitarbeiter/-in
- Montage: 600 Stück je Monteur/-in
- Personalabteilung: 9 Mio. € Umsatz je Personalmitarbeiter/-in
- Rechnungswesen: 4,5 Mio. € Umsatz je Mitarbeiter/-in im Rechnungswesen
- IT-Abteilung: 7,2 Mio. € Umsatz je IT-Mitarbeiter/-in
- Marketingabteilung: 6 Mio. € Umsatz je Marketingmitarbeiter/-in
- Abteilung Verkauf: 1.000 Aufträge je Vertriebsmitarbeiter/-in

Viele Grüße, Ulrike

ARBEITSAUFTRAG

Helfen Sie Frau Siebertz bei der Planung des quantitativen Personalbedarfs der Decker GmbH für das Folgejahr. Verwenden Sie die Planungstabelle auf Seite 16 und berücksichtigen Sie folgende Informationen:

- Hinweise von Herrn Pinkawa (Gespräch und Notizzettel)
- Stellenbesetzungsplan mit aktuellem Personalbestand (Folgeseite)
- Nachfolgender Infotext

Der Stellenbesetzungsplan der Decker GmbH weist den aktuellen Personalbestand (Istbestand) aus:

Stellenbesetzungsplan Decker GmbH

Abteilung Einkauf	
Stelle	**Anzahl MA**
Leitung	1
Sachbearbeitung Inland	2
Sachbearbeitung Ausland	3

Abteilung Rechnungswesen	
Stelle	**Anzahl MA**
Leitung	1
Sachbearbeitung Finanzbuchhaltung	3
Sachbearbeitung Kostenrechnung	2

Abteilung Lager	
Stelle	**Anzahl MA**
Leitung	1
Lagerfachkraft Halle 1	7
Lagerfachkraft Halle 2	6

Abteilung IT	
Stelle	**Anzahl MA**
Leitung	1
Sachbearbeitung Hardware	2
Sachbearbeitung Software	2

Abteilung Fertigung	
Stelle	**Anzahl MA**
Leitung	1
Facharbeiter/-in für Modell A	15
Facharbeiter/-in für Modell B	22
Facharbeiter/-in für Modell C	19

Abteilung Marketing	
Stelle	**Anzahl MA**
Leitung	1
Sachbearbeitung strategisches Marketing	1
Sachbearbeitung operatives Marketing	3
Marktforschung	1

Abteilung Montage	
Stelle	**Anzahl MA**
Leitung	1
Montage Modell A	11
Montage Modell B	19
Montage Modell C	17

Abteilung Verkauf	
Stelle	**Anzahl MA**
Leitung	1
Sachbearbeitung Verkauf Inland	2
Sachbearbeitung Verkauf Ausland	2

Abteilung Personal	
Stelle	**Anzahl MA**
Leitung	1
Sachbearbeitung Arbeiter/-innen	2
Sachbearbeitung Angestellte	1

Quantitative Personalbedarfsplanung der Decker GmbH

		Einkauf	Lager	Ferti-gung	Mon-tage	Per-sonal	Rech-nungs-wesen	IT	Marke-ting	Verkauf	Sum-men
Bruttopersonalbedarf (Sollbestand Folgejahr)											
– Personalbestand (Istbestand Geschäftsjahr)											
+ Personalabgänge	Rente										
	Kündigung										
	Versetzung										
	Elternzeit/Mutterschutz										
	Sonstige										
– Personalzugänge	Übernahme Azubis										
	Rückkehr aus Beurlaubung										
	Versetzung										
	Rückkehr aus Elternzeit/Mutterschutz										
	Sonstige										
= Nettopersonalbedarf											

Infotext: Quantitative Personalbedarfsplanung

Grundlagen

Die quantitative Personalbedarfsplanung hat die Aufgabe, die erforderliche Anzahl an Mitarbeiterinnen und Mitarbeitern zu ermitteln, sie ist also eine rein zahlenmäßige Planung. Sie unterscheidet sich damit von der qualitativen Personalbedarfsplanung, welche die Anforderungen an die Mitarbeiter/-innen hinsichtlich Eigenschaften und Qualifikationen bzw. Kompetenzen plant. Grundsätzlich ist der betriebliche Personalbedarf abhängig von

- internen Bestimmungsfaktoren (Einflussgrößen) wie z. B. der geplanten Absatzmenge,
- externen Bestimmungsfaktoren (Einflussgrößen) wie z. B. der Konjunkturentwicklung.

Die quantitative Personalplanung kennt eine Vielzahl von Personalbedarfsbegriffen und damit verbundenen Wegen zur Berechnung des Personalbedarfs. Von besonderer Bedeutung sind der „Bruttopersonalbedarf“ und der „Nettopersonalbedarf“, sie werden im Folgenden vorgestellt.

Bruttopersonalbedarf

Der Bruttopersonalbedarf („Soll-Personalbestand“) ist die Anzahl aller Personen, die zur Leistungserstellung innerhalb einer Planungsperiode insgesamt benötigt werden. Er setzt sich zusammen aus dem regulären Einsatzbedarf und dem ausfallbedingten Reservebedarf (z. B. durch Krankheiten). Wichtige Methoden zur Ermittlung des Bruttopersonalbedarfs sind:

- **Schätzmethode:** Erfahrene Praktiker/-innen (Abteilungsleiter, Meisterin usw.) schätzen den Bruttopersonalbedarf auf Grundlage ihrer Erfahrungen. Diese Methode ist in der Praxis weit verbreitet.
- **Kennzahlenmethode:** Diese Methode ist immer dann möglich, wenn ein allgemeiner Zusammenhang zwischen dem Bruttopersonalbedarf und bestimmten Bezugsgrößen (z. B. Anzahl der Bestellungen) besteht, der durch Kennzahlen ausgedrückt werden kann.

  Beispiel: In der Verkaufsabteilung bearbeitet ein Mitarbeiter/eine Mitarbeiterin durchschnittlich 250 Aufträge pro Jahr (Kennzahl: 250 Aufträge/Mitarbeiter/-in). Erwartet der Vertrieb für das Folgejahr 1.250 Aufträge, werden in der Verkaufsabteilung fünf Mitarbeiter/-innen benötigt. Nachkommastellen können als Teilzeitkräfte interpretiert oder auch gerundet werden.

- **Stellenplanmethode:** Bei der Stellenplanmethode wird der Bruttopersonalbedarf direkt aus dem betrieblichen Stellenplan bzw. Stellenbesetzungsplan abgeleitet. Diese Methode wird in solchen Organisationen eingesetzt, in denen die Anzahl der Stellen unabhängig von einem messbaren Output sind (z. B. in der Verwaltung oder im öffentlichen Dienst).

Ist der Bruttopersonalbedarf größer als der Personalbestand, so spricht man von einer *Unterdeckung*, es muss also Personal beschafft werden. Ist der Bruttopersonalbedarf kleiner als der Personalbestand, so liegt eine *Überdeckung* vor und es muss Personal abgebaut werden.

Nettopersonalbedarf

Der Nettopersonalbedarf ist die Anzahl der Mitarbeiterinnen und Mitarbeiter, die im Falle einer Unterdeckung noch beschafft werden muss. Er wird mithilfe einer einfachen Formel ermittelt:

	Bruttopersonalbedarf
–	Personalbestand (Ist-Personalbestand gemäß Stellenbesetzungsplan)
+	Personalabgänge (z. B. Pensionierungen, Kündigungen)
–	Personalzugänge (z. B. Übernahme von Auszubildenden)
=	**Nettopersonalbedarf**

2 Planen des qualitativen Personalbedarfs

Nun soll auch der qualitative Personalbedarf geplant werden, also die Stellenanforderungen. Die Decker GmbH plant den qualitativen Personalbedarf mithilfe spezieller Formblätter und der jeweiligen Stellenbeschreibung.

ARBEITSAUFTRAG

Planen Sie exemplarisch für die Stelle „Sachbearbeitung Verkauf" den qualitativen Personalbedarf. Leiten Sie dazu aus der Stellenbeschreibung die erforderlichen Stellenanforderungen an die Bewerberin bzw. den Bewerber (Qualifikationen, Kompetenzen usw.) ab und tragen Sie diese in das nachfolgende Formblatt ein.

Qualitative Personalbedarfsplanung: Stellenanforderungen		
Stellenbezeichnung:		
Abteilung:		
Schulabschluss	**Ausbildung/Studium**	**Zusatzqualifikationen**
Fach-/Branchenkenntnisse	**Berufserfahrung**	**IT-/Computerkenntnisse**
Fremdsprachen	**Soziale Kompetenzen**	**Sonstige**

Ihnen liegt folgende Stellenbeschreibung der Personalabteilung vor:

Stellenbeschreibung	
Formale Stellenmerkmale	
Stellenbezeichnung:	Sachbearbeitung Verkauf
Abteilung:	Verkauf
Übergeordnete Stelle:	Abteilungsleitung Verkauf
Untergeordnete Stelle:	keine
Der/Die Stelleninhaber/-in wird vertreten durch:	Abteilungsleitung Verkauf
Der/Die Stelleninhaber/-in vertritt:	Abteilungsleitung Verkauf
Inhaltliche Stellenmerkmale	
Stellenziele • Erreichung des Jahresumsatzziels • Förderung eines positiven Unternehmensimages bei den Kunden der Decker GmbH • Bindung der Kunden an die Decker GmbH **Aufgaben** • Erstellung standardisierter Angebote • Telefonische Auftragsannahme gleichartiger Bestellungen • Terminüberwachung • Führen digitaler Karteien und Statistiken • Fachverkauf • Pflege des Webshops (Aktualisierungen) • Pflege der Social-Media-Kanäle (Einstellen von Beiträgen)	

Kompaktwissen

Arten der Personalplanung	
Personalbestandsplanung	Wen haben wir?
Personalbedarfsplanung	Wen brauchen wir?
Personalbeschaffungsplanung	Wen beschaffen wir auf welchem Wege?
Personaleinsatzplanung	Wer soll wann wo welche Aufgaben übernehmen?
Personalentwicklungsplanung	Wer soll wann was lernen?
Personalkostenplanung	Wer kostet uns wie viel?
Personalfreistellungsplanung	Wer muss uns wann verlassen?

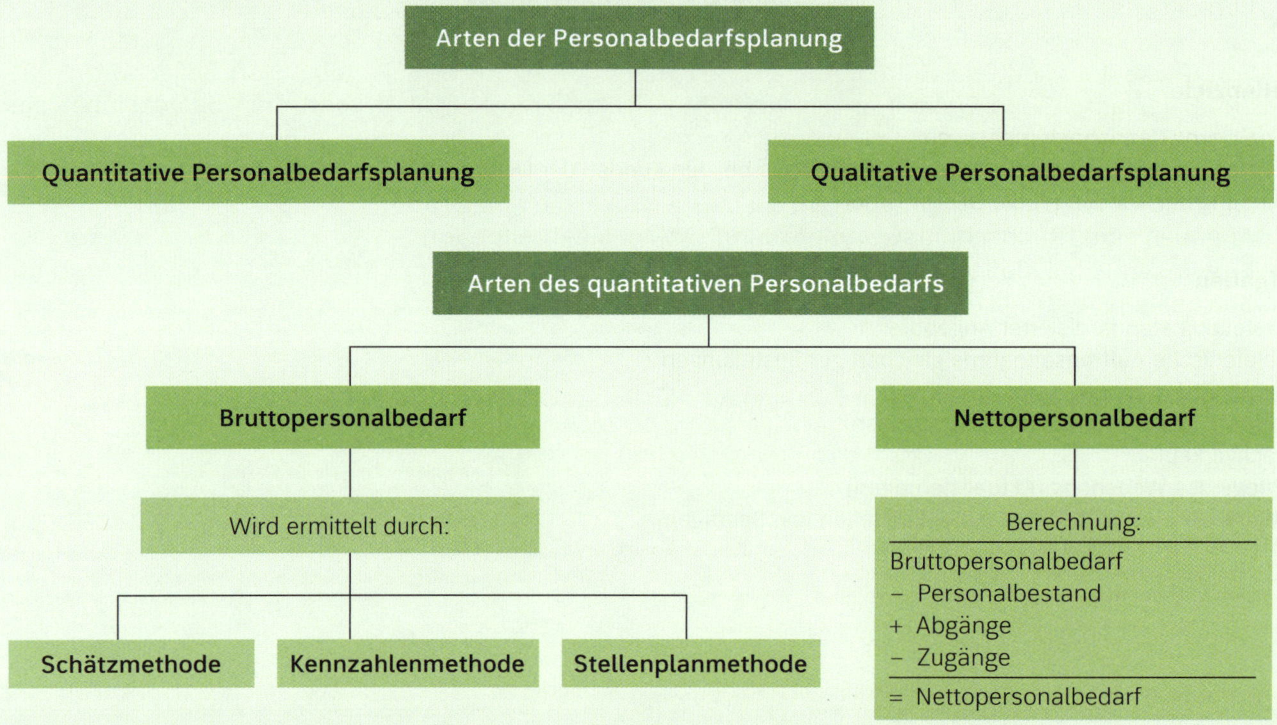

Personalbedarfsbegriffe	
Bruttopersonalbedarf	Gesamtpersonalbedarf für eine Periode (Soll-Personalbestand)
Nettopersonalbedarf	Anzahl der Mitarbeiter/-innen, die für eine Periode noch zu beschaffen sind
Einsatzbedarf	Personalbedarf, der sich aus betrieblichen Aufgaben ableitet
Reservebedarf	Personalbedarf, der durch vorübergehende Fehl- und Ausfallzeiten entsteht
Ersatzbedarf	Bedarf, der durch das Ausscheiden von Personal aus dem Betrieb entsteht
Mehrbedarf	Erforderliche Erhöhung des Ist-Personalbestands
Minderbedarf	Erforderliche Absenkung des Ist-Personalbestands (Freistellungsbedarf)

Vertiefungsaufgaben

1. Beschreiben Sie in eigenen und einfachen Worten den Unterschied zwischen

   a) quantitativer und qualitativer Personalplanung,
   b) Personalbestands- und Personalbedarfsplanung,
   c) Brutto- und Nettopersonalbedarf,
   d) Stellenbeschreibung und Stellenausschreibung.

2. Nennen Sie je vier betriebsinterne und -externe Bestimmungsfaktoren der Personalbedarfsplanung.

3. Sie sind in der Personalabteilung der Braun GmbH tätig, die sich auf die Produktion mechanischer Zulieferteile für die Automobilindustrie spezialisiert hat. Ermitteln Sie in einer übersichtlichen Tabelle den Nettopersonalbedarf für das Folgejahr mithilfe folgender Angaben:

   - Personal-Ist-Bestand: Einkauf: 3, Lager: 3, Produktion: 7, Rechnungswesen: 2, Vertrieb: 1
   - Erwartete Personalbewegungen: Herr Winkler aus der Produktion geht Ende des Jahres in den Ruhestand, Frau Riese aus dem Einkauf hat zum 31. November dieses Jahres gekündigt, Herr Seiler wird zu Beginn des Folgejahres vom Einkauf in den Vertrieb versetzt, Frau Michalski kehrt am 15. Dezember aus der Elternzeit in das Rechnungswesen zurück.
   - Personalkennzahlen: Einkauf: 2.500 Bestellungen je MA, Lager: 15.000 Lieferpositionen je MA, Produktion: 2.000 Stück je MA, Rechnungswesen: 3,2 Mio. € Umsatz je MA, Vertrieb: 400 Aufträge je MA (Hinweis: Alle Angaben sind Durchschnittswerte pro Jahr; „MA“ = Mitarbeiter/-in)
   - Prognosen Folgejahr: Vertrieb: Absatzmenge: 12.000 Stück, Preis pro Stück: 800,00 €, durchschnittliche Stückzahl je Auftrag: 10, Einkauf: Anzahl Bestellungen: 7.500 Stück, durchschnittliche Anzahl der Lieferpositionen je Bestellung: 8

4. Ordnen Sie durch Ankreuzen zu, um welche Art von Personalbedarf es sich handelt:

	Einsatzbedarf	Reservebedarf	Ersatzbedarf	Mehrbedarf	Minderbedarf
a) Umfangreiche Erweiterungsinvestitionen erfordern Neueinstellungen.					
b) Ein Monteur muss wegen eines Arbeitsunfalls ins Krankenhaus.					
c) Ein Auftrag beansprucht 80 Programmierstunden.					
d) Sachbearbeiter Kuhlmann reicht seine Kündigung ein.					
e) Das Unternehmen ersetzt zwei Malergesellen durch Lackierroboter.					
f) Frau Krause aus der Buchhaltung geht für eine Woche in den Urlaub.					
g) Die Gewerkschaft setzt eine Arbeitszeitverkürzung durch.					
h) (160 Stück x 0,5 Std. je Stück) / 8 Stunden tägliche Arbeitszeit					
i) Die Absatzprognosen für die Folgejahre weisen steil nach oben.					
j) Lagerist Walter wird pensioniert.					
k) Frau Braun nimmt für eine Woche an einer Fortbildung in München teil.					
l) Eine Reorganisation ermöglicht die Einsparung einer Stelle im Vertrieb.					

C Personalbeschaffung

Praxisfall „Decker GmbH"

1 Gegenüberstellen von interner und externer Personalbeschaffung

Frau Schramm, Mitglied des Betriebsrats der Decker GmbH, hat den Personalchef, Herrn Pinkawa, um ein Gespräch gebeten.

Herr Pinkawa: Guten Morgen Frau Schramm. Sie wollten mich sprechen?

Frau Schramm: Guten Morgen Herr Pinkawa. Ja, ich wollte Ihnen mitteilen, dass der Betriebsrat die interne Ausschreibung der Sachbearbeiterstelle im Verkauf verlangen wird.[1]

Herr Pinkawa: Halten Sie das für eine gute Idee, Frau Schramm?

Frau Schramm: Aber natürlich, Herr Pinkawa, Sie denn nicht?

Herr Pinkawa: Ehrlich gesagt, ich halte nichts davon. Nach meiner Erfahrung führt so etwas immer wieder zu Rivalitäten unter den Mitarbeitenden. Und darunter leiden dann der Teamgeist und die Arbeitsqualität.

Frau Schramm: Ich sehe das genau andersrum! Es sind doch die Perspektiven, die die Mitarbeiter/-innen motivieren. Ich bin der festen Überzeugung, dass unsere Frau Siebach deswegen so gern arbeitet, weil sie sich in der Vergangenheit bei uns stets verbessern konnte. Jetzt leitet sie eine Abteilung.

Herr Pinkawa: Aber dann fragen Sie doch mal die Kolleginnen und Kollegen aus ihrer Abteilung, ob sie Frau Siebach als Vorgesetzte respektieren – also, ich habe da ja schon einiges gehört. Sie wissen ja, der Prophet taugt nichts im eigenen Lande.

Frau Schramm: Das mag wohl sein. Aber Frau Siebach ist schon über zehn Jahre hier und kennt die Stärken und Schwächen ihrer Pappenheimer ganz genau.

Herr Pinkawa: Wissen Sie, Frau Schramm, ich fürchte einfach eine gewisse „Betriebsblindheit", wenn wir zu häufig intern besetzen. So kommt kein frischer Wind in unser Unternehmen. Den brauchen wir aber dringend.

Frau Schramm: Theoretisch mag das ja so sein. Aber wissen Sie, was für ein Kuckucksei wir uns ins Nest holen, wenn wir extern besetzen? Bei unseren Leuten wissen wir, woran wir sind. Mit denen können Sie noch heute die neue Stelle besetzen und zahlen keinen Cent für Personalwerbung.

Herr Pinkawa: Aber Sie vergessen ja völlig, dass ich dann gleich ein neues Problem habe, denn dann muss ich ja deren Stelle besetzen und die Suche geht wieder los.

Frau Schramm: Sie können es sich ja noch einmal überlegen. Ich wäre Ihnen dankbar, wenn Sie mich auf dem Laufenden halten würden. Auf Wiedersehen, Herr Pinkawa.

Herr Pinkawa: Auf Wiedersehen, Frau Schramm.

ARBEITSAUFTRAG

Lesen Sie den Dialog und füllen Sie anschließend die nachfolgende Tabelle aus. Ergänzen Sie dabei die genannten Vor- und Nachteile beider Verfahren. Beachten Sie dabei auch die nachfolgenden Gesetzesauszüge.

---

1 Siehe Auszug Betriebsverfassungsgesetz (BetrVG) auf Seite 24.

Interne Personalbeschaffung	**Externe Personalbeschaffung**
Definition	Definition
Konkrete Beschaffungsmaßnahmen	Konkrete Beschaffungsmaßnahmen
Vorteile	Vorteile
Nachteile	Nachteile

Gesetzesauszüge zur Personalbeschaffung

Auszug: Betriebsverfassungsgesetz (BetrVG)

§ 93 Ausschreibung von Arbeitsplätzen

Der Betriebsrat kann verlangen, dass Arbeitsplätze, die besetzt werden sollen, allgemein oder für bestimmte Arten von Tätigkeiten vor ihrer Besetzung innerhalb des Betriebs ausgeschrieben werden.

§ 99 Mitbestimmung bei personellen Einzelmaßnahmen

(1) In Unternehmen mit in der Regel mehr als zwanzig wahlberechtigten Arbeitnehmern hat der Arbeitgeber den Betriebsrat vor jeder Einstellung, Eingruppierung, Umgruppierung und Versetzung zu unterrichten, ihm die erforderlichen Bewerbungsunterlagen vorzulegen und Auskunft über die Person der Beteiligten zu geben; er hat dem Betriebsrat unter Vorlage der erforderlichen Unterlagen Auskunft über die Auswirkungen der geplanten Maßnahme zu geben und die Zustimmung des Betriebsrats zu der geplanten Maßnahme einzuholen. [...]

(2) Der Betriebsrat kann die Zustimmung verweigern, wenn

1. die personelle Maßnahme gegen ein Gesetz [...] verstoßen würde, [...]
2. eine nach § 93 erforderliche Ausschreibung unterblieben ist [...].

(4) Verweigert der Betriebsrat seine Zustimmung, so kann der Arbeitgeber beim Arbeitsgericht beantragen, die Zustimmung zu ersetzen.

Auszug: Allgemeines Gleichbehandlungsgesetz (AGG)

§ 1 Ziel des Gesetzes

Ziel des Gesetzes ist, Benachteiligungen aus Gründen der Rasse oder wegen der ethnischen Herkunft, des Geschlechts, der Religion oder Weltanschauung, einer Behinderung, des Alters oder der sexuellen Identität zu verhindern oder zu beseitigen.

§ 2 Anwendungsbereich

(1) Benachteiligungen aus einem in § 1 genannten Grund sind nach Maßgabe dieses Gesetzes unzulässig in Bezug auf:

1. die Bedingungen, einschließlich Auswahlkriterien und Einstellungsbedingungen, für den Zugang zu unselbstständiger und selbstständiger Erwerbstätigkeit, unabhängig von Tätigkeitsfeld und beruflicher Position, sowie für den beruflichen Aufstieg,
2. die Beschäftigungs- und Arbeitsbedingungen einschließlich Arbeitsentgelt und Entlassungsbedingungen, insbesondere in individual- und kollektivrechtlichen Vereinbarungen und Maßnahmen bei der Durchführung und Beendigung eines Beschäftigungsverhältnisses sowie beim beruflichen Aufstieg,

[...].

§ 7 Benachteiligungsverbot

(1) Beschäftigte dürfen nicht wegen eines in § 1 genannten Grundes benachteiligt werden; dies gilt auch, wenn die Person, die die Benachteiligung begeht, das Vorliegen eines in § 1 genannten Grundes bei der Benachteiligung nur annimmt.

(2) Bestimmungen in Vereinbarungen, die gegen das Benachteiligungsverbot des Absatzes 1 verstoßen, sind unwirksam.

§ 11 Ausschreibung

Ein Arbeitsplatz darf nicht unter Verstoß gegen § 7 Abs. 1 ausgeschrieben werden.

2 Verfassen einer Stellenanzeige

Die zu besetzende Stelle in der Decker GmbH soll in der Zeitung und im Internet ausgeschrieben werden. Grundlage ist die Stellenbeschreibung auf Seite 19, die Besetzung der Stelle soll am 1. Juli erfolgen.

ARBEITSAUFTRÄGE

1. Gestalten Sie eine ansprechende und aussagefähige Stellenanzeige.

2. Listen Sie in der richtigen Reihenfolge auf, welche Informationen eine Stellenanzeige enthalten sollte.

1 ______________________ 6 ______________________

2 ______________________ 7 ______________________

3 ______________________ 8 ______________________

4 ______________________ 9 ______________________

5 ______________________ 10 ______________________

3 Analysieren und Beurteilen von Bewerbungsunterlagen

Michael Kreuzberg
Heisenbergstr. 25
52064 Aachen
Tel. 0421 52212

Michael Kreuzberg, Heisenbergstr. 25, 52064 Aachen
Decker GmbH
Personalabteilung
Escherstr. 5
50733 Köln

10. Mai 20..

Bewerbung um die Stelle als Sachbearbeiter im Verkauf

Sehr geehrte Damen und Herren,

ich möchte mich hiermit für die Stelle als Sachbearbeiter im Verkauf bewerben.

Ich habe nach erfolgreicher Ausbildung zur Fachkraft für Lagerlogistik in diesem Beruf bei Hansen & Sohn in Köln Erfahrungen sammeln können und verfüge daher über umfangreiche kaufmännische Kenntnisse. Darüber hinaus beherrsche ich das EDV-Lagerverwaltungsprogramm StoreTech.

Über eine Einladung zu einem Vorstellungsgespräch würde ich mich sehr freuen.

Mit freundlichen Grüßen

Michael Kreuzberg

Anlagen
1 tabellarischer Lebenslauf
...

Lebenslauf

Name:	Michael Kreuzberg
Geburtstag:	1997-02-24
Konfession:	katholisch
Geburtsort:	Düren
Familienstand:	verheiratet
Anschrift:	Heisenbergstr. 25 52064 Aachen
Berufstätigkeit:	seit 2016 Fachkraft für Lagerlogistik beim Warenein- und -ausgang bei Hansen & Sohn, Köln
Berufsausbildung:	2013 bis 2016 Ausbildung zur Fachkraft für Lagerwirtschaft bei Hansen & Sohn, Köln
Schulbildung:	2013: Hauptschulabschluss Typ A 2007 bis 2013 Hauptschule Edenstraße 2003 bis 2007 Grundschule Edenstraße
Hobbys:	Funktechnik, Computer, Programmieren
Zusatzqualifikation:	StoreTech 4.0

Aachen, ..-05-10

Michael Kreuzberg

Angela Bergheim
Am Falkenberg 24
51381 Leverkusen
Tel. 0214 51694

Angela Bergheim, Am Falkenberg 24, 51381 Leverkusen

Decker GmbH
Herrn Pinkawa
Escherstr. 5
50733 Köln

12. Mai 20..

Bewerbung für die Stelle „Sachbearbeiter Verkauf"

Sehr geehrter Herr Pinkawa,

Sie suchen für Ihre Verkaufsabteilung eine Sachbearbeiterin. Ich meine, das meine berufliche Erfahrung in verschiedenen Abteilungen ihren Anforderungen entspricht:

Nach meiner Ausbildung zur Bürokauffrau habe ich drei Jahre lang in der Verwaltung der Firma Dohle Gmbh in Düsseldorf als Sachbearbeiterin gearbeitet und bin seit dem in der Verwaltung des Architekturbüros Ehrenberg, de Vries und Partner in Mönchengladbach tätig.

Ich verfüge darüberhinaus über umfangreiche EDV-Kenntnisse und habe auch schon mit Exportkunden korespondiert. Außerdem arbeite ich selbstständig und sehe mich daher in der Lage, mich in alle Bereiche einzuarbeiten.

Ich würde mich freuen, wenn ich mich bei ihnen vorstellen dürfte.

Mit freundlichen Grüßen

Angela Bergheim

Anlagen
1 tabellarischer Lebenslauf
...

Lebenslauf

Name: Angela Bergheim

Geburtsdatum: 1996-04-12

Geburtsort: Leverkusen

Familienstand: ledig

Anschrift: Am Falkenberg 24
51381 Leverkusen

Berufspraxis: Architekturbüro Ehrenberg,
de Vries und Partner, Mönchengladbach
seit 2020

Dohle GmbH, Düsseldorf
2017 bis 2020

Zusatzausbildung: EDV I und EDV II
an der VHS Leverkusen

Ausbildung: Ausbildung zur Bürokauffrau
2014 bis 2017

Schule: Realschule Schlebusch
2007 bis 2014

Grundschule Schlebusch
2002 bis 2007

Leverkusen, ..-05-12

Angela Bergheim

Werner Schröder
Friedrich-Breuer-Str. 25
56072 Koblenz
Tel. 0261 12859

Werner Schröder, Friedrich-Breuer-Str. 25, 56072 Koblenz
Decker GmbH
Personalabteilung
Herrn Pinkawa
Escherstr. 5
50733 Köln

28. April 20..

Ihre Anzeige im Kölner Stadtanzeiger vom 20. April 20..

Sehr geehrter Herr Pinkawa,

ich möchte mich um die von Ihnen ausgeschriebene Stelle als Verkaufssachbearbeiter bewerben.

Ich verfüge über umfangreiche Berufskenntnisse in verschiedenen Unternehmen unterschiedlicher Branchen. Ich bin bestens vertraut mit der Bearbeitung von Anfragen, Angeboten, Bestellungen im Ein- wie Verkauf sowie der Rechnungserstellung und Terminüberwachung. Das Arbeiten mit entsprechender Software war dabei in allen Unternehmen selbstverständlich. Meine Stärke ist das Aushandeln guter Preise. Auch Anteile der Ausbildung von Mitarbeitern sind mir im Laufe der Jahre in vermehrtem Umfang übertragen worden, sodass ich auch diese Qualifikation anbieten kann. Ich würde mich sehr freuen, wenn wir in einem gemeinsamen Gespräch die Möglichkeit hätten, über weitere Einzelheiten zu sprechen.

Freundliche Grüße

Werner Schröder

Anlagen
1 tabellarischer Lebenslauf
...

Lebenslauf

Name: Werner Schröder

Anschrift: Friedrich-Breuer-Str. 25
56072 Koblenz

Geburtsdatum: 1976-10-10

Geburtsort: Bonn

Familienstand: verheiratet

Berufliche Tätigkeit

seit 2008: Sachbearbeitung Verkauf Pflanzenschutzmittel/Inland, Trey AG, Koblenz

2003 - 2008: Sachbearbeitung Einkauf, Lessing KG, Koblenz

1995 - 2001: Kreditsachbearbeitung, Deutsche Bank, Koblenz

Schule und Ausbildung

1992 - 1995: Ausbildung zum Bankkaufmann, Commerzbank Bonn

1986 - 1992: Realschule Bonn-Beuel

1982 - 1986: Grundschule Bonn-Beuel

Zusatzqualifikationen:

- Microsoft 365
- SAP (Module: Materialwirtschaft, Vertrieb)
- Führerscheinklasse: B

Bonn, ..-04-28

Werner Schröder

Gerhard Fischer
Neusser Str. 724
50737 Köln
Telefon: 0221 743342
Telefax: 0221 743343

Gerhard Fischer, Neusser Str. 724, 50737 Köln
Decker GmbH
Personalabteilung
Escherstr. 5
50733 Köln

30. April 20..

Ihre Stellenanzeige im Kölner Stadtanzeiger vom 20. April 20..

Sehr geehrte Damen und Herren,

ich bewerbe mich hiermit um die von Ihnen im Kölner Stadtanzeiger ausgeschriebene Stelle als Sachbearbeiter im Verkauf.

Ich habe mich im Laufe meines Studiums der Betriebswirtschaftslehre mit Fragen des Handelsmarketings beschäftigt und meine Masterarbeit bei Prof. Dr. Hellenberg in Münster zum Thema „Erfolgreicher Verkauf elektronischer Komponenten in Zeiten von Industrie 4.0" geschrieben.

Ich verfüge daher zu Verkaufsstrategien in dieser Branche über umfangreiche Vorkenntnisse. Außerdem habe ich bereits zwei Praktika in Marketingabteilungen von Großunternehmen absolviert und habe in diesem Zusammenhang einige EDV-Kenntnisse erwerben können.

Ich würde mich freuen, wieder von Ihnen zu hören.

Mit freundlichen Grüßen

Gerhard Fischer

Anlagen
1 tabellarischer Lebenslauf
...

Lebenslauf

Name:	Gerhard Fischer
Geburtsdatum:	1996-04-27
Geburtsort:	Sulingen (Niedersachsen)
Familienstand:	verheiratet
Anschrift:	Neusser Str. 724 50737 Köln
Studium:	2018 - 2023 Studium der Betriebswirtschaftslehre, Hannover
Praktika:	2022 dreimonatiges Praktikum in der Marketingabteilung der Beiersberg AG, Hamburg 2021 viermonatiges Praktikum in der Marketingabteilung der Beiersberg AG, Hamburg
Berufsausbildung:	2015 - 2018 Ausbildung zum Immobilienkaufmann bei Flottemesch Immobilien, Oldenburg
Schulbildung:	2015 Abitur 2006 - 2015 Gymnasium Sulingen 2002 - 2006 Edenschule Sulingen
Hobbys:	Fahrradfahren, Trompete spielen
Zusatzqualifikation:	Microsoft 365

Köln, ..-04-30

Gerhard Fischer

Bianca Herrmann
Fahner Weg 44
51467 Bergisch Gladbach
Tel. 02202 991299

Bianca Herrmann, Fahner Weg 44, 51467 Bergisch Gladbach
Decker GmbH
Personalabteilung
Escherstr. 5
50733 Köln

5. Mai 20..

Bewerbung um die Stelle als Sachbearbeiterin Verkauf

Sehr geehrte Damen und Herren,

kürzlich las ich Ihre Anzeige im Kölner Stadtanzeiger, in der Sie einen Sachbearbeiter im Verkauf suchen. Wie Sie aus meinen Bewerbungsunterlagen ersehen können, verfüge ich über mehrere Jahre kaufmännischer Berufserfahrung im Groß- und Außenhandel. Ich war in diesen Jahren überwiegend in den Abteilungen Buchhaltung, Verkauf und Lager beschäftigt. Die letzten Jahre habe ich der Erziehung meiner Kinder gewidmet und möchte nun wieder in den Beruf einsteigen. Über eine Einladung zu einem Vorstellungsgespräch würde ich mich sehr freuen.

Mit freundlichen Grüßen

Bianca Herrmann

Anlagen
1 tabellarischer Lebenslauf
...

Lebenslauf

Name:	Bianca Herrmann	
Geburtsdatum:	1993-04-12	
Geburtsort:	Köln	
Wohnort:	Fahner Weg 44 51467 Bergisch Gladbach	
Familienstand:	verheiratet, zwei Kinder	
Berufspraxis:	seit 2019	Erziehung meiner beiden Kinder
	2017 - 2019	Kölner Stadtverwaltung
	2016 - 2017	Multi Markt, Köln
	2014 - 2016	Selberg Verlag GmbH, Köln
	2013 - 2014	Bergmann AG, Leverkusen
Berufsausbildung:	2011 - 2013	Ausbildung zur Kauffrau im Groß- und Außenhandel Ausbilder: Bergmann AG, Leverkusen
Schulbildung:	2009 - 2011	Berufsfachschule Wirtschaft, Gummersbach
	2003 - 2009	Realschule Kammweg
	1999 - 2003	Grundschule

Bergisch Gladbach, ..-05-05

Bianca Herrmann

Andrea Müller
Finkenweg 2
50765 Köln
Tel. 0221 881296

Andrea Müller, Finkenweg 2, 50765 Köln
Decker GmbH
Herrn Pinkawa
Escherstr. 5
50733 Köln

2. Mai 20..

Bewerbung um die Stelle als Sachbearbeiterin Verkauf

Sehr geehrter Herr Pinkawa,

im Kölner Stadtanzeiger vom 20. April 20.. las ich mit großem Interesse, dass Sie zum 1. Juli eine Stelle als Sachbearbeiter/-in im Verkauf ausschreiben.

Wie Sie aus meinen Unterlagen ersehen können, verfüge ich über mehrere Jahre Erfahrung in der Sachbearbeitung im Ein- und Verkauf und bin nun bei der Bergmann AG in Leverkusen tätig. Ich habe hier in mehreren Abteilungen (Einkauf, Verkauf, Buchhaltung, Marketing) kaufmännische Erfahrungen sammeln und an verschiedenen innerbetrieblichen Fortbildungen teilnehmen können.

An der von Ihnen ausgeschriebenen Stelle bin ich sehr interessiert, da mich die Arbeit in dieser Branche sehr reizen würde. Dabei sagt mir nach Jahren in der Großindustrie die Größe Ihres Unternehmens sehr zu.

Ich würde mich daher sehr freuen, mich bei Ihnen vorstellen zu dürfen.

Mit freundlichen Grüßen

Andrea Müller

Anlagen
1 tabellarischer Lebenslauf
...

Lebenslauf

Name:	Andrea Müller	
Geburtsdatum:	1994-07-10	
Konfession:	römisch-katholisch	
Geburtsort:	Köln	
Anschrift:	Finkenweg 2 50765 Köln	
Familienstand:	ledig	
Berufspraxis:	seit 2019	Sachbearbeitung in mehreren kaufmännischen Abteilungen der Bergmann AG, Leverkusen
	2013 - 2019	Sachbearbeitung Ein- und Verkauf bei der Harimed GmbH & Co. KG, Bonn
Berufsausbildung:	2010 - 2013	Berufsausbildung zur Bürokauffrau bei der Harimed GmbH & Co. KG, Bonn
Schulbildung:	2004 - 2010	Realschule Ossendorf
	2000 - 2004	Katholische Grundschule Ossendorf
EDV-Kenntnisse:	Microsoft 365, SAP (Modul Vertrieb)	

Köln, ..-05-12

Andrea Müller

ARBEITSAUFTRAG

Treffen Sie eine begründete Entscheidung mithilfe einer Nutzwertanalyse und des nachfolgenden Infotextes.

Nutzwertanalyse														
			Gewichtung: 100 % = sehr wichtig; 0 % = unwichtig Bewertung: 10 = sehr gut; 1 = sehr schlecht											
Nr.	Entscheidungskriterium	Gewichtung	Bewertung (einfach)	Bewertung (gewichtet)	Bewertung (einfach)	Bewertung (gewichtet)	Bewertung (einfach)	Bewertung (gewichtet)	Bewertung (einfach)	Bewertung (gewichtet)	Bewertung (einfach)	Bewertung (gewichtet)	Bewertung (einfach)	Bewertung (gewichtet)
1														
2														
3														
4														
5														
6														
7														
8														
9														
10														
		Summen:												

Infotext: Nutzwertanalyse

Sinn und Zweck

Die Nutzwertanalyse (Entscheidungsmatrix, Punktwertverfahren, Scoring-Modell) ist eine Methode zur rationalen Entscheidungsfindung in komplexen Entscheidungssituationen. Dabei können quantitative (= messbare) und quantitative (= nicht messbare) Entscheidungskriterien einbezogen werden. Ziel der Nutzwertanalyse ist es, zu einer rational begründeten und nachvollziehbaren Entscheidung zu gelangen.

Beispiele: Auswahl der besten Bauzeichnung bei einer Ausschreibung, Auswahl des besten Bewerbers/der besten Bewerberin für eine Stelle, Auswahl des besten Angebots, Auswahl der besten Investitionsalternative, Auswahl des besten Finanzierungskonzepts usw.

Vorgehen

Die Nutzwertanalyse wird in folgenden Schritten (ggf. mithilfe von Excel) erstellt:

Schritt 1: Sammeln relevanter Bewertungskriterien
Schritt 2: Gewichten der Bedeutung der einzelnen Bewertungskriterien
Schritt 3: Bewerten der einzelnen Varianten in Bezug auf die einzelnen Bewertungskriterien
Schritt 4: Multiplizieren der Gewichtung mit den einzelnen Bewertungen
Schritt 5: Addieren der gewichteten Noten zu einer Gesamtnote
Schritt 6: Auswahl der Variante mit der höchsten Gesamtnote

Beispiel: Nutzwertanalyse zur Auswahl des besten Materials für eine Winterjacke

Nutzwertanalyse								
Nr.	Entscheidungs-kriterium	Ge-wich-tung	Gewichtung: 100 % = sehr wichtig; 0 % = unwichtig Bewertung: 10 = sehr gut; 1 = sehr schlecht					
			Jacke A		Jacke B		Jacke C	
			Bewertung (einfach)	Bewertung (gewichtet)	Bewertung (einfach)	Bewertung (gewichtet)	Bewertung (einfach)	Bewertung (gewichtet)
1	Wärmeisolierung	20 %	4	**0,8**	5	**1**	6	**1,2**
2	Tragekomfort	30 %	7	**2,1**	9	**2,7**	7	**2,1**
3	Wasserfestigkeit	20 %	3	**0,6**	4	**0,8**	5	**1**
4	Hautverträglichkeit	10 %	6	**0,6**	3	**0,3**	6	**0,6**
5	Funktionalität	10 %	7	**0,7**	5	**0,5**	4	**0,4**
6	Umweltfreundlichkeit	10 %	9	**0,9**	6	**0,6**	5	**0,5**
	Summen:	**100%**		**5,7**		**5,9**		**5,8**

Praxishinweis

Bei der Nutzwertanalyse ist zu beachten, dass es sich nicht um eine objektive Methode handelt, denn die Auswahl der Entscheidungskriterien, deren Gewichtung wie auch die Bewertung der einzelnen Alternativen sind subjektiver Natur. Die Methode hat aber den großen Vorteil, dass sie allen an einer Entscheidung beteiligten Personen die Entscheidungskriterien und deren Gewichtung vor Augen führt und die Entscheidung damit transparent und nachvollziehbar macht.

4 Führen von Vorstellungsgesprächen

Nachdem die Personalabteilung der Decker GmbH eine enge Auswahl getroffen hat, sollen diese Bewerber/-innen zu einem Vorstellungsgespräch eingeladen werden.

ARBEITSAUFTRAG

Bereiten Sie sich in der Rolle der ausgewählten Bewerberin bzw. des ausgewählten Bewerbers auf ein Vorstellungsgespräch (Rollenspiel) für die ausgeschriebene Stelle bei der Decker GmbH mithilfe folgender Unterlagen vor:

- Bewerbungsunterlagen (Seite 26 ff.)
- Stellenbeschreibung (Seite 19)
- Informationen zum Unternehmen (Seite 7)
- nachfolgender Infotext

Notizen zur Vorbereitung des Vorstellungsgesprächs

Notizen zur Auswertung: Worauf ich bei einem Vorstellungsgespräch achten sollte

Infotext: Das Vorstellungsgespräch

Zeitpunkt

Nach Prüfung der Bewerbungsunterlagen und Treffen einer engeren Auswahl werden die betreffenden Kandidatinnen und Kandidaten gewöhnlich zu einem Vorstellungsgespräch in den Betrieb eingeladen.

Ziele

Mit dem Vorstellungsgespräch (Bewerbungsgespräch) verfolgt der Arbeitgeber folgende Ziele:

- Gewinnen eines persönlichen Eindrucks von der Bewerberin bzw. dem Bewerber
- Überprüfen der Richtigkeit von Aussagen durch direkte oder indirekte Nachfragen
- Herausstellen der Vorzüge einer Beschäftigung in diesem Unternehmen
- Sicherstellen, dass beide Seiten realistische Vorstellungen voneinander haben

Teilnehmer/-innen

Vorstellungsgespräche werden gewöhnlich von mehreren Personen aus unterschiedlichen Bereichen des Betriebs geführt. Typischerweise führen mindestens folgende Personen das Gespräch:

- Leitung der Personalabteilung
- Vorgesetzte/-r der betreffenden Fachabteilung
- Abteilungsleitung der Fachabteilung
- Mitarbeiter/-in des Betriebsrates (sofern vorhanden)

Gesprächsverlauf

Abhängig von der Philosophie des Unternehmens ist das Gespräch mehr oder weniger systematisch und strukturiert. Manche Personalleitungen bevorzugen einen vorgegebenen, ggf. auch für alle Vorstellungsgespräche standardisierten Gesprächsverlauf, um nichts zu vergessen. Andere führen lieber ein freies Gespräch, das ihnen die gewünschte Flexibilität lässt.

Juristische Aspekte

Die Bewerberin bzw. der Bewerber hat alle zulässigen Fragen wahr und nach bestem Wissen und Gewissen zu beantworten. Andernfalls kann der Arbeitgeber den Arbeitsvertrag nachträglich anfechten.

Grundsätzlich sind jedoch in einem Vorstellungsgespräch nur Fragen zulässig, die in enger Beziehung zur zukünftigen Beschäftigung stehen, andere Fragen sind nicht zulässig. Unzulässige Fragen dürfen unwahr beantwortet werden, ohne dass der Arbeitgeber das Recht hat, den Arbeitsvertrag zu einem späteren Zeitpunkt anzufechten. Unzulässig sind Fragen nach einer

- Partei- oder Religionsangehörigkeit (Ausnahme: Tendenzbetriebe wie Kirchen oder Parteien),
- Gewerkschaftszugehörigkeit,
- Betriebsratszugehörigkeit,
- Schwangerschaft.

Nur in bestimmten Fällen sind Fragen zulässig nach:

- **Vorstrafen oder Vermögensverhältnissen** (etwa Fragen nach Einbruchdiebstählen bei kaufmännischen Tätigkeiten oder nach Verkehrsdelikten bei Kraftfahrern)
- **Krankheiten** (etwa dann, wenn sie für die Arbeitsfähigkeit von Bedeutung sind oder ein erhebliches Risiko für Mitarbeiter/-innen oder Kunden darstellen)

Kompaktwissen

Personalbeschaffung

- **Interne Personalbeschaffung**
  - Personalbeschaffung aus dem eigenen Unternehmen
- **Externe Personalbeschaffung**
  - Personalbeschaffung von außen

Prozess der Personalbeschaffung

1. Ausschreibung der Stelle
2. Analyse der Bewerbungsunterlagen
3. Tests/Assessment-Center
4. Vorstellungsgespräch
5. Einstellung

Bewerbungsunterlagen	
Anschreiben	strukturierter und aussagefähiger Brief an den Arbeitgeber (nicht eingeheftet)
Lebenslauf	Dokumentation der persönlichen und beruflichen Entwicklung (i. d. R. tabellarisch)
Bewerberfoto	aktuelles Foto von hoher Qualität (vom Fotografen), Größe frei wählbar
Zeugnisse	Schulzeugnisse und Arbeitszeugnisse, Kammerbrief
Sonstiges	relevante Zertifikate und Bescheinigungen, Arbeitsproben, Referenzen usw.

Assessment-Center (AC)

Ein Assessment-Center (engl.: to assess: einschätzen, beurteilen) ist ein ein- oder mehrtägiges Verfahren zur Auswahl von Führungskräften oder Trainees. Dabei müssen die Bewerberinnen und Bewerber unter Beobachtung von Fachkräften (z. B. Psychologinnen/Psychologen) sowohl allein als auch in der Gruppe Probleme lösen. Typische Aufgabenstellungen sind:

- **Präsentation:** Überzeugen durch Inhalt und Vortragsstil
- **Gruppendiskussion:** Überzeugen, Zuhören, Kompromisse schließen, Lösungen finden
- **Rollenspiel:** in gestellten Situationen Probleme (z. B. Konflikte) authentisch lösen
- **Interview:** entspricht dem klassischen Vorstellungsgespräch
- **Fallstudie:** rasches Sichten, Verarbeiten und Verwerten von Informationen (z. B. Postkorbübung)
- **Test:** Persönlichkeits- und Intelligenztests, oft unter Zeitdruck zu bearbeiten

Das Assessment-Center soll neben fachlichen auch überfachliche (methodische und soziale) Kompetenzen der Bewerberin bzw. des Bewerbers überprüfen. Die Aussagefähigkeit des AC ist in Wissenschaft und Praxis umstritten.

Online-Bewerbung Spezial	
Verfassen von Anschreiben und Lebenslauf	
§ 1	Bewerben Sie sich stets mit einer E-Mail, der Sie Ihre Bewerbungsunterlagen anhängen. Ein Hinweis auf Bewerbungsunterlagen in einer Website kommt nicht gut an.
§ 2	Verfassen Sie für jede Bewerbung ein neues, individuelles Anschreiben. Kopierte Anschreiben („Copy-Paste-Anschreiben") fallen erfahrenen Personalern auf und werden aussortiert.
§ 3	Stilistisch gelten dieselben Regeln, wie bei einer traditionellen Bewerbung: Achten Sie auf sprachliche Seriosität und verzichten Sie auf Chat-Abkürzungen und Smileys.
§ 4	Lassen Sie auch dann, wenn Sie über alle technischen Möglichkeiten verfügen, Ihre Bewerberfotos für die Online-Bewerbung lieber von einem professionellen Fotografen machen.
§ 5	Fügen Sie Ihr Foto in Ihren Lebenslauf mit ein. Ein eigenes Deckblatt mit Foto ist bei Online-Bewerbungen nicht gern gesehen (größeres Dateivolumen, mehr Scrollaufwand usw.).
§ 6	Verwenden Sie für Ihr Anschreiben und Ihren Lebenslauf identische Schriftarten gleicher Größe, das Schriftbild muss einheitlich sein.
§ 7	Lassen Sie Dritte Ihre fertige Bewerbung auf Rechtschreibfehler prüfen, diese sind auch bei Online-Bewerbungen ein Ausschlusskriterium. Achten Sie auch auf Groß- und Kleinschreibung.
§ 8	Unterschreiben Sie Ihr Anschreiben und Ihren Lebenslauf. Sie können Ihre Unterschriften entweder einscannen und einfügen oder spezielle Programme verwenden.
Zusammenstellen aller Dokumente	
§ 9	Ihr Anhang sollte drei Megabyte nicht überschreiten, sonst kann der Empfänger Probleme bekommen (betriebliche Firewall, Speicherplatz usw.). Dazu können Sie Dateien verkleinern bzw. Dokumente weglassen oder nachreichen. Zeugnisse, Zertifikate und Bescheinigungen sollten nur aufgenommen werden, wenn sie wirklich relevant sind.
§ 10	Speichern Sie alle Dokumente in einer einzigen PDF-Datei ab. Diese kann jeder Betrieb öffnen und das Format garantiert, dass Dokumentinhalte wie beabsichtigt dargestellt werden. Andere Formate (wie z. B. „doc" oder „odt") werden oftmals unbesehen gelöscht. Vermeiden Sie unbedingt, mehrere Dateien zu versenden.
§ 11	Benennen Sie Ihre Anhangs-PDF aussagefähig (z. B. „bewerbung-schulze.pdf").
§ 12	Verzichten Sie auf das Komprimieren Ihres Anhangs: Gepackte Dateien sind für den Empfänger mit Zusatzarbeit verbunden und verursachen in vielen Fällen Probleme.
Verfassen der Mail	
§ 13	Verfassen Sie eine neue Mail und achten Sie darauf, dass diese keinerlei Text aus Ihrem Anschreiben enthält. Verweisen Sie in zwei, drei freundlichen und persönlichen Sätzen auf die Stelle, das Unternehmen oder ein bereits geführtes Gespräch.
§ 14	Verzichten Sie auf spezielle HTML-Formatierungen (Farben, Schriftarten usw.), die Darstellung legt der Empfänger gewöhnlich mithilfe seines eigenen E-Mail-Programms fest.
§ 15	Verweisen Sie in der Betreffzeile der E-Mail auf die ausgeschriebene Position (z. B. „Bewerbung als Sachbearbeiter im Verkauf"), sonst könnte man Ihre Mail für Werbung halten.
Versenden der Online-Bewerbung	
§ 16	Versenden Sie Ihre Mail an die persönliche E-Mail-Adresse der zuständigen Personalfachkraft.
§ 17	Versenden Sie Ihre Bewerbung niemals von dem Computer eines anderen Betriebes aus.
§ 18	Wählen Sie eine seriöse Absenderadresse (nicht „puschel145@flippyfamily.de" sondern „max.mustermann@gmx.de").
§ 19	Stellen Sie sicher, dass Ihr E-Mail-Programm keine Empfangsbestätigung anfordert.
§ 20	Senden Sie die fertige Bewerbung an sich selbst, drucken Sie diese vollständig aus und prüfen Sie, ob alles so aussieht, wie gewünscht. Testfrage: Würden Sie sich einladen?

Personalleasing Spezial

Begriff und Wesen

Personalleasing (auch: Arbeitnehmerüberlassung, Leiharbeit, Zeitarbeit) ist die zeitlich begrenzte Überlassung von Arbeitnehmerinnen und Arbeitnehmern gegen Entgelt.

Personalleasing hat die Aufgabe, solches Personal bereitzustellen, an das der Betrieb sich nicht dauerhaft binden will – etwa um kurzfristig erhöhtes Arbeitsaufkommen zu bewältigen oder spezielle wie auch einmalige Aufgaben zu erledigen (z. B. hauseigene EDV-Lösungen entwickeln).

Personalleasing ist i. d. R. das Kerngeschäft von Personaldienstleistungsunternehmen. Diese übernehmen darüber hinaus gewöhnlich weitere Personaldienstleistungen für Betriebe (Beratung bei der Suche von Arbeitskräften, Headhunting, Unterstützung bei der Kündigung von Mitarbeiterinnen und Mitarbeitern usw.).

Vertragsverhältnisse

Das Personalleasingunternehmen (Verleiher) schließt einen Arbeitsvertrag mit einem Arbeitnehmer/einer Arbeitnehmerin. Anschließend schließt er mit einem Betrieb (Entleiher) einen befristeten Arbeitnehmerüberlassungsvertrag, jedoch garantiert er nicht für den Erfolg des Arbeitsergebnisses.

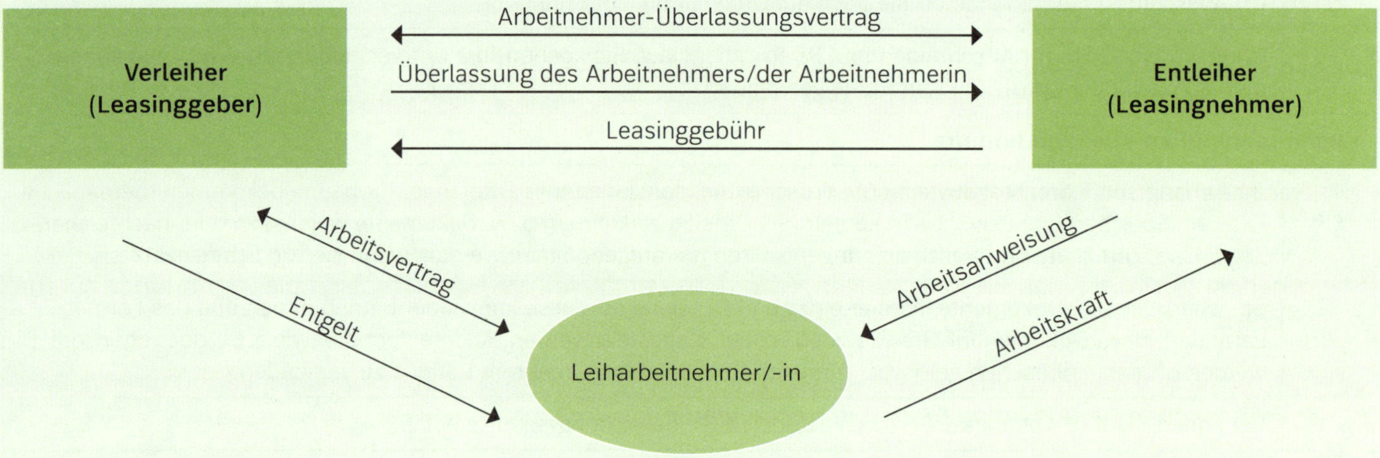

Rechtliche Grundlagen

Rechtliche Grundlage des Personalleasings ist das Gesetz zur Regelung der Arbeitnehmerüberlassung (AÜG). Dieses Gesetz soll Missbrauch im Umgang Leihpersonal verhindern und regelt unter anderem:

- den Bedarf einer Erlaubnis durch die zuständige Regionaldirektion der Agentur für Arbeit (Voraussetzungen für die Erlaubnis sind zum Beispiel Zuverlässigkeit und eine angemessene Betriebsorganisation)
- die Erhebung und Weiterleitung statistischer Daten an die Agentur für Arbeit
- Mindestlöhne
- Rechtsbeziehungen zwischen Verleiher und Entleiher

Die Befristung der Arbeitnehmerüberlassungsverträge ist im Gesetz über Teilzeit und befristete Arbeitsverträge (TzBfG) geregelt.

Vertiefungsaufgaben

Die Hustedt AG ist ein mittelständisches Industrieunternehmen mit Sitz in Köln-Klettenberg. Das Unternehmen wurde 1955 gegründet und fertigt Stoßdämpfer für die Automobilindustrie im In- und Ausland. Das Unternehmen beschäftigt 184 Mitarbeiter/-innen, seit 1978 hat das Unternehmen einen Betriebsrat und seit 1992 eine eigene Werkszeitung sowie eine beliebte Betriebskantine. Aus persönlichen Gründen scheiden in den nächsten Wochen zwei Personen aus dem Unternehmen aus:

- Herr Walter, Bereichsleiter Produktion
- Frau Siemens, Sachbearbeiterin Einkauf

Beide Stellen sollen zeitnah neu besetzt werden.

1. Welche beiden grundsätzlichen Beschaffungswege stehen dem Unternehmen zur Verfügung?
2. Welches Recht kann der Betriebsrat in diesem Zusammenhang geltend machen?
3. Schlagen Sie konkrete Beschaffungsmaßnahmen für beide Stellen vor.
4. Auf welches Dokument sollte die Personalabteilung zur Erstellung der Stellenausschreibungen zurückgreifen und warum?
5. Die Stellenausschreibung für die „Sachbearbeitung Einkauf" soll in den Maßen 15 cm (Breite) × 10 cm (Höhe) erscheinen. Recherchieren Sie den Preis für diese Anzeige in realen Medien.
6. Nennen Sie je drei fachliche und drei soziale Anforderungen an den Bewerber/die Bewerberin für die Stelle „Sachbearbeitung Einkauf", welche die Hustedt AG aufnehmen sollte.
7. Welche Bewerbungsdokumente werden von der Hustedt AG erwartet, wenn in der Stellenanzeige „vollständige Bewerbungsunterlagen" verlangt werden – und wie unterscheiden sich diese von einer Kurzbewerbung?
8. Durch welche Fragen könnte die Personalabteilung der Hustedt AG im Rahmen eines Vorstellungsgespräches versuchen herauszufinden, ob die sich bewerbende Person ...

   a) ... sich selbst richtig einschätzt?
   b) ... das Berufsbild richtig einschätzt?
   c) ... über ausreichende Fremdsprachenkenntnisse verfügt?
   d) ... ein ernsthaftes Interesse an einer Beschäftigung in diesem Betrieb hat?

9. Welche allgemeine Anforderung besteht an Fragen in einem Vorstellungsgespräch, damit sie rechtlich zulässig sind?
10. Die Hustedt AG plant die Einführung eines eintägigen Assessment-Centers (AC), in dem in mehreren Übungen unterschiedliche Kompetenzen der Bewerber/-innen abgeprüft werden sollen.

    a) Für welche Stelle würden Sie das Assessment-Center empfehlen und warum?
    b) Welche Fähigkeiten/Kompetenzen können mit einem Assessment-Center überprüft werden?
    c) Welche Vor- und Nachteile sind mit der Durchführung eines Assessment-Centers verbunden?

11. In der Hustedt AG wird darüber nachgedacht, den Personalbedarf zukünftig vermehrt durch Personalleasing zu decken. Diskutieren Sie Pro- und Kontraargumente für Personalleasing aus Sicht des Unternehmens und leiten Sie ein begründetes Fazit für die Hustedt AG ab.
12. Verfassen Sie eine Online-Bewerbung für die Sachbearbeitung Einkauf der Hustedt AG, mailen Sie diese an Ihre eigene E-Mail-Adresse, drucken sie aus und überprüfen Sie das Ergebnis.

D Personaleinstellung

Praxisfall „Decker GmbH“

1 Vorbereiten eines Arbeitsvertrags mit Tarifbindung

Von: Paul Pinkawa <pinkawa@decker.de>
Betreff: Arbeitsvertrag
Datum: 25. Juni 20.. 08:12:34 MESZ
An: Schüler/-in <schüler-in@decker.de>

Guten Morgen Frau Schülerin/Herr Schüler,

bitte bereiten Sie für unsere neue Kraft im Verkauf einen unbefristeten Arbeitsvertrag (siehe Folgeseiten) mit einer Probezeit von drei Monaten vor, ich werde ihn gleich morgen unterzeichnen.

Die Stelle soll am 1. Juli angetreten werden. Die genauen Arbeitszeiten entnehmen Sie bitte der Betriebsvereinbarung unseres Unternehmens (Seite 52).

Für die Ermittlung des Tarifgehalts gehen Sie bitte folgendermaßen vor:

- Ermitteln Sie mithilfe der Stellenbeschreibung (Seite 19) die entsprechende Gehaltsgruppe im Entgeltrahmenabkommen des Tarifvertrags (Seite 49).
- Suchen Sie anschließend das Gehalt im Entgelttarifvertrag (Seite 50) heraus.

Mit freundlichem Gruß

Paul Pinkawa

Leitung Personal
Decker GmbH

Anstellungsvertrag

Zwischen Herrn/Frau ______________________________

und der

Decker GmbH, Escher Straße 5, 50733 Köln

wird nachstehender Anstellungsvertrag geschlossen:

§ 1 Einstellungstermin und Aufgabenbereich

(1) Herr/Frau ____________________________ nimmt am ________________ (Vertragsbeginn)

in ______________________ (Einsatzort) die Tätigkeit als __________________________ auf.

(2) Der Arbeitgeber ist berechtigt, der arbeitnehmenden Person innerhalb des Betriebs eine andere, ihren Fähigkeiten entsprechende, gleichwertige und gleichbezahlte Tätigkeit zuzuweisen.

(3) Die arbeitnehmende Person hat die ihr übertragenen Arbeiten gewissenhaft auszuführen und ist im Rahmen des Anstellungsverhältnisses zur Verschwiegenheit verpflichtet. Diese Pflicht gilt auch nach Beendigung des Vertrags.

(4) Die arbeitnehmende Person hat für schuldhaft verursachte Schäden einzustehen.

§ 2 Arbeitszeit

(1) Die regelmäßige Arbeitszeit beträgt _______ Stunden wöchentlich.

(2) Die Verteilung der Arbeitszeit auf die Wochentage wird in folgender Weise vereinbart:

____

§ 3 Probezeit

(1) Der Anstellungsvertrag wird für die Dauer von ____ Monaten auf Probe abgeschlossen.

(2) Innerhalb der Probezeit haben beide Seiten das Recht zur Kündigung mit einer Frist von einem Monat auf das Ende des Monats.

(3) Macht keine der vertragschließenden Parteien von dem Recht der Kündigung Gebrauch, so wird das Vertragsverhältnis nach Ablauf der Probezeit als Arbeitsverhältnis auf unbestimmte Zeit fortgesetzt.

§ 4 Vergütung

Das monatlich ausbezahlte tarifliche Grundgehalt gemäß Gehaltsgruppe ______ beträgt ______________ €.

§ 5 Dienstreisen

(1) Bei vom Arbeitgeber angeordneten Dienstreisen werden die Reisekostensätze vergütet, die nach den jeweils gültigen steuerlichen Richtlinien steuerfrei gezahlt werden können.

(2) Grundsätzlich sind Dienstreisen mit öffentlichen Verkehrsmitteln durchzuführen. Die Benutzung von Flugzeugen oder eines privaten Pkw bedarf der besonderen Genehmigung.

§ 6 Konkurrenzverbot und Nebentätigkeit

Die arbeitnehmende Person darf im gleichen Geschäftszweig weder ein eigenes Gewerbe betreiben noch Geschäfte für eigene oder fremde Rechnung tätigen.

§ 7 Kündigung

(1) Das Vertragsverhältnis kann von jeder der vertragschließenden Parteien mit einer Frist von vier Wochen zum Ende eines jeden Kalendermonats gekündigt werden. Verlängert sich die Kündigungsfrist aufgrund gesetzlicher oder tariflicher Bestimmungen für eine der vertragschließenden Parteien, so gilt die Verlängerung auch für die andere Vertragspartei.

(2) Jede Kündigung bedarf der Schriftform.

§ 8 Anwendung tarifvertraglicher und gesetzlicher Bestimmungen

Neben den vorstehenden Vertragsvereinbarungen gelten insbesondere hinsichtlich der Arbeitszeit, des Urlaubs, des Urlaubs- und Weihnachtsgeldes sowie der vermögenswirksamen Leistungen die Bestimmungen des jeweils gültigen Manteltarifvertrags, des Gehaltsrahmenabkommens, des Gehalts- und Urlaubsgeldabkommens sowie des Tarifvertrags über vermögenswirksame Leistungen.

§ 9 Schlussbestimmungen

(1) Änderungen und Ergänzungen dieses Vertrags bedürfen der Schriftform.

(2) Mündliche Nebenabreden gelten als nicht getroffen.

(3) Die etwaige Unwirksamkeit einzelner Vertragsbestimmungen berührt nicht die Wirksamkeit der übrigen Abmachungen.

____

Ort, Datum

________________________	________________________
Decker GmbH	Angestellte/-r

Tarifvertrag[1]

zwischen den Arbeitgeberverbänden „AGV Rheinland“

und der Gewerkschaft „GW Rheinland“

1. Entgeltrahmenabkommen (Auszüge)

Gehaltsgruppe I

Ausführen von überwiegend schematischen oder mechanischen Tätigkeiten, für die keine Berufsausbildung erforderlich ist.

Beispiele:

1 Ausführen übertragender und vergleichender Tätigkeit, Führen von einfachen elektronischen Karteien und Listen
2 Hilfsarbeiten in der Poststelle
3 Einfache Schreib- oder Rechenarbeiten nach vorbereiteten Unterlagen

Gehaltsgruppe II

Ausführen von Tätigkeiten nach eingehenden Anweisungen, die Kenntnisse und Fertigkeiten erfordern, wie sie unter anderem durch eine zweijährige einschlägige Ausbildung vermittelt werden.

Beispiele:

1 Ausgabe von Waren vom Lager ohne Verkaufsberatung
2 Ausrechnen von schematischen Kalkulationen
3 Auszeichnen und Kontrollieren von Waren nach einfachen Ordnungsmerkmalen/Führen von Ein- und Verkaufsstatistiken, Lagerabrechnungen und elektronischen Karteien
4 Abfertigen der Post

Gehaltsgruppe III

Ausführen von Tätigkeiten nach Anweisungen, die Kenntnisse und Fertigkeiten erfordern, wie sie durch eine abgeschlossene kaufmännische Ausbildung (Büro, Industrie, Groß- und Außenhandel o. Ä.) oder eine gleichwertige Ausbildung erworben werden.

Beispiele:

1 Bearbeiten von Aufträgen, Ausfertigen von regelmäßig wiederkehrenden Angeboten und Bestellungen/Überwachen von Terminen/Tätigkeit als Fachverkäufer/-in
2 Kontrollieren von Waren nach schwierigen Ordnungsmerkmalen/Fachkundiges Prüfen von ein- und ausgehender Ware/Aufstellen von Statistiken/Führen elektronischer Karteien

Gehaltsgruppe IV

Selbstständiges Ausführen von Tätigkeiten nach allgemeinen Anweisungen, die Kenntnisse und Berufserfahrung erfordern, wie sie durch mehrjährige einschlägige Tätigkeit nach erfolgter kaufmännischer Ausbildung erlangt werden.

Beispiele:

1 Bearbeiten von Angeboten oder Bestellungen in Ein- oder Verkaufsabteilungen einschließlich Überwachen von Fristen sowie Abrufen im Rahmen vorausgegangener Dispositionen/Führen von Verkaufsverhandlungen
2 Erstellen und Auswerten umfangreicher und vielseitiger Statistiken/Disponieren und Überwachen eines Lagerteilbereichs

Gehaltsgruppe V

Selbstständiges und verantwortliches Ausführen von Tätigkeiten nach allgemeinen Richtlinien, die gründliche Fachkenntnisse und umfangreiche einschlägige Erfahrungen erfordern sowie eine Übersicht über die Zusammenhänge mit angrenzenden Tätigkeitsbereichen voraussetzen.

Beispiele:

1 Bearbeiten schwieriger Ein- oder Verkaufsvorgänge, auch in Fremdsprachen, und Disponieren
2 Fachkundiges Bearbeiten schwieriger Aufgaben im Versand, wie Zoll- und Speditionsfragen

Gehaltsgruppe VI

[...]

1 in Anlehnung an reale Tarifverträge

2. Entgelttarifvertrag – einschließlich Urlaubsgeldabkommen und Tarifvertrag über Sonderzahlung (Auszüge)

Gehaltsabkommen

[...]
§ 2

Das tarifliche Monatsmindestgehalt für die regelmäßige Arbeitszeit von [...] beträgt:

Gehaltsgruppe I

Im 1. Jahr der Tätigkeit	1.770,00 €
Im 2. Jahr der Tätigkeit	1.807,00 €
Im 3. Jahr der Tätigkeit	1.876,00 €
Im 4. Jahr der Tätigkeit	1.951,00 €
Im 5. Jahr der Tätigkeit	2.026,00 €
Im 6. Jahr der Tätigkeit	2.097,00 €
Im 7. Jahr der Tätigkeit	2.174,00 €
Danach	2.248,00 €

Gehaltsgruppe II

Im 1. und 2. Jahr der Tätigkeit in der Gruppe	1.899,00 €
Im 3. und 4. Jahr der Tätigkeit in der Gruppe	2.055,00 €
Im 5. und 6. Jahr der Tätigkeit in der Gruppe	2.296,00 €
Ab dem 6. Jahr der Tätigkeit in der Gruppe	2.382,00 €

Gehaltsgruppe III

Im 1. und 2. Jahr der Tätigkeit nach der Ausbildung	2.207,00 €
Im 3. und 4. Jahr der Tätigkeit nach der Ausbildung	2.306,00 €
Im 5. und 6. Jahr der Tätigkeit nach der Ausbildung	2.456,00 €
Ab dem 7. Jahr der Tätigkeit nach der Ausbildung	2.658,00 €

Gehaltsgruppe IV

Im 1. und 2. Jahr der Tätigkeit in der Gruppe	2.377,00 €
Im 3. und 4. Jahr der Tätigkeit in der Gruppe	2.496,00 €
Im 5. Jahr der Tätigkeit in der Gruppe	2.617,00 €
Ab dem 6. Jahr der Tätigkeit in der Gruppe	2.911,00 €

Gehaltsgruppe V

Im 1. und 2. Jahr der Tätigkeit in der Gruppe	2.950,00 €
Im 3. Jahr der Tätigkeit in der Gruppe	3.116,00 €
Im 4. Jahr der Tätigkeit in der Gruppe	3.280,00 €
Nach dem 4. Jahr der Tätigkeit in der Gruppe	3.644,00 €

Gehaltsgruppe VI

[...]

Urlaubsgeldabkommen

§ 1 Urlaubsgeld

1. Das Urlaubsgeld gemäß § 8 Nr. 6 des MTV wird einmalig im Monat Mai ausbezahlt und beträgt 750,00 €.

2. Arbeitnehmende, die im Laufe des Kalenderjahres eintreten oder ausscheiden, erhalten je vollen Kalendermonat 1/12 des Urlaubsgeldes.

Tarifvertrag über Sonderzahlung

§ 2 Sonderzahlung

1. Angestellte, gewerbliche Arbeitnehmende sowie Auszubildende erhalten eine Sonderzahlung nach Maßgabe der Bestimmungen dieses Tarifvertrags.

2. Der Anspruch auf eine Sonderzahlung entsteht erstmals nach einer ununterbrochenen Betriebszugehörigkeit von 6 Monaten am 1. Dezember des Auszahlungsjahres und wird jeweils am 1. Dezember eines Jahres fällig, soweit betrieblich nichts anderes vereinbart ist.
   [...]

4. Die Sonderzahlung beträgt für Angestellte und gewerbliche Arbeitnehmende 420,00 €.

3. Tarifvertrag über vermögenswirksame Leistungen (Auszüge)

§ 2 Leistungen und deren Voraussetzungen

1. Der Arbeitgeber beteiligt sich monatlich an den vermögenswirksamen Leistungen der Arbeitnehmenden, welche diese gemäß Vermögensbildungsgesetz bilden können.

2. Der Anteil des Arbeitgebers an den vermögenswirksamen Leistungen beträgt monatlich für alle Arbeitnehmenden ab Vollendung des 18. Lebensjahres 26,00 €.

3. Die vermögenswirksame Leistung wird für jeden Kalendermonat gezahlt, für den mindestens 14 Tage Anspruch auf Lohn und Gehalt bestehen.

§ 3 Anlagearten und Verfahren

1. Arbeitnehmende können zwischen den in § 2 des Vermögensbildungsgesetzes vorgesehenen Arten der vermögenswirksamen Anlagen frei wählen. Sie können allerdings für jedes Kalenderjahr nur eine Anlageart und ein Anlageinstitut wählen.

2. Die Arbeitnehmenden haben binnen 4 Wochen nach Abschluss des Tarifvertrages dem Arbeitgeber Anlageart und Anlageinstitut unter Beifügung der erforderlichen Unterlagen schriftlich mitzuteilen, sodass der Arbeitgeber in die Lage gesetzt wird, die fällige vermögenswirksame Leistung mit befreiender Wirkung zu erbringen.

4. Manteltarifvertrag (Auszüge)

§ 2 Arbeitszeit

1. Die regelmäßige Wochenarbeitszeit beträgt ausschließlich der Pausen 38,5 Stunden. [...]

§ 6 Allgemeine Vertragsbedingungen

1. Einstellung und Entlassung erfolgen nach den gesetzlichen Bestimmungen.
   Alle Arbeitnehmenden werden der Tätigkeit entsprechend nach dem Gehalts- bzw. Lohnrahmenabkommen eingestuft.

2. Die Arbeitnehmenden haben die Arbeitspapiere [...] bis zum Ablauf des ersten Beschäftigungsmonats beim Arbeitgeber abzugeben.

3. Mit den Arbeitnehmenden ist auf Wunsch ein schriftlicher Arbeitsvertrag zu schließen, aus dem sich
   - Beginn der Beschäftigung,
   - Art der Tätigkeit,
   - Einsatzort,
   - Bezüge,
   - Dauer einer vereinbarten Probezeit, Kündigungsfristen,

   ergeben.

§ 8 Urlaub

3. a) Während des Urlaubs haben die Arbeitnehmenden Anspruch auf Fortzahlung des Entgelts. [...]

4. Die Mindestdauer des Jahresurlaubs beträgt

   a) bei regelmäßiger Verteilung der tariflichen Arbeitszeit auf 6 Werktage der Woche 36 Werktage,

   b) bei Verteilung der tariflichen Arbeitszeit auf ausschließlich 5 Werktage der Woche 30 Arbeitstage.

6. Die Arbeitnehmenden erhalten ein Urlaubsgeld gemäß einem Urlaubsgeldabkommen. Bei einem anteiligen Urlaubsanspruch ist das Urlaubsgeld entsprechend auszuzahlen.

§ 10 Arbeitsversäumnis

1. a) Sind Arbeitnehmende durch Krankheit oder durch sonstige unvorhersehbare Ereignisse an der Arbeitsleistung verhindert, so haben sie dem Arbeitgeber unverzüglich Mitteilung zu machen und dabei die Gründe und die voraussichtliche Dauer der Verhinderung bekannt zu geben.

   b) Ist die Arbeitsverhinderung durch Krankheit verursacht und dauert sie länger als drei Werktage, so ist vor Ablauf des 4. Werktages nach Beginn der Arbeitsunfähigkeit eine ärztliche Bescheinigung über die Arbeitsunfähigkeit und deren voraussichtliche Dauer vorzulegen.

2. b) Die bei Krankheit weiter zu zahlende Vergütung bemisst sich nach § 8 Nr. 3. [...]

Betriebsvereinbarung

auf Grundlage der §§ 77, 87 BetrVG

zwischen der

Geschäftsleitung der Decker GmbH, Köln

und dem

Betriebsrat der Decker GmbH, Köln

(gültig ab 1. Januar 20..)

1. Rauchverbot

Grundsätzlich herrscht im gesamten Betriebsbereich Rauchverbot. Davon sind ausgenommen:

- Aufenthaltsräume IIa und IIIa
- Konferenzraum

2. Arbeitszeit

Grundsätzlich gelten die Bestimmungen des Tarifvertrags, das gilt auch für Teilzeitarbeit. Die Verteilung der Arbeitszeit von 38,5 Stunden und der Pausen für alle Vollzeitarbeitskräfte (einschließlich Auszubildender) wird wie folgt vereinbart:

Wochentag	Beginn der Arbeitszeit	Ende der Arbeitszeit	Pausen	Summe
Mo.–Do.	07:30 Uhr	16:15 Uhr	09:45 Uhr–10:00 Uhr 12:00 Uhr–12:30 Uhr	8 Stunden
Fr.	07:30 Uhr	14:45 Uhr	09:45 Uhr–10:00 Uhr 12:00 Uhr–12:30 Uhr	6,5 Stunden

Diese Betriebsvereinbarung verliert mit Inkrafttreten einer neuen Vereinbarung ihre Gültigkeit.

Köln, den 20..-12-13

Geschäftsleitung der Decker GmbH

Dr. Weber
....

Betriebsrat der Decker GmbH

Keller
....

Infotext: Rechtliche Rahmenbedingungen des Arbeitsverhältnisses

In **Einzelarbeitsverträgen** werden die Arbeitsbedingungen zwischen dem Arbeitgeber und den einzelnen Arbeitnehmer/-innen vereinbart. Sie können formlos (also auch mündlich) abgeschlossen werden. Der Arbeitgeber muss jedoch die wichtigsten Vereinbarungen innerhalb von vier Wochen nach Arbeitsbeginn schriftlich niederlegen und den Arbeitnehmenden aushändigen.[1] Die Gültigkeit eines mündlichen Arbeitsvertrags hängt aber nicht davon ab.

Auch wenn in Deutschland alle Vertragsparteien vertraglich vereinbaren können, was sie wollen (Prinzip der Vertragsfreiheit), so sind doch jedem Arbeitsvertrag gewisse Grenzen gesetzt durch:

1. Arbeitnehmerschutzgesetze
2. Tarifverträge
3. Betriebsvereinbarungen

Zu 1.: Arbeitnehmerschutzgesetze

Es gibt zahlreiche Arbeitnehmerschutzgesetze, welche den Arbeitnehmenden in den verschiedensten Bereichen Mindestrechte sichern (z. B. Arbeitszeitgesetz, Bundesurlaubsgesetz, Mutterschutzgesetz, Kündigungsschutzgesetz).

Zu 2.: Tarifverträge

Anders als Einzelarbeitsverträge sind Tarifverträge Verträge zwischen Tarifparteien – das sind einzelne oder in Verbänden zusammengeschlossene Arbeitgeber einerseits und Gewerkschaften andererseits. Diese Tarifverträge regeln die Personalentlohnung sowie die allgemeinen Arbeitsbedingungen und sollen die Arbeitnehmenden besserstellen, als es die Arbeitnehmerschutzgesetze vorsehen. Grundsätzlich gelten Tarifverträge nur für die Mitglieder einer Tarifpartei, in der Praxis gelten diese Verträge aber auch für viele nicht organisierte Arbeitnehmende – nämlich dann, wenn der Minister für Arbeit und Soziales den betreffenden Tarifvertrag für „allgemeinverbindlich“ erklärt. Tarifverträge sind folgendermaßen (oder ähnlich) aufgebaut:

- **Entgeltrahmenabkommen:** Die unterschiedlichen Tätigkeiten, die in einem Betrieb anfallen, werden abhängig vom Anspruchsniveau in Lohn- oder Gehaltsgruppen (I, II, III usw.) eingeteilt. Ziel dieses Abkommens ist ist die einheitliche Vergütung aller Tätigkeiten mit gleichem Anforderungsprofil.
- **Entgelttarifvertrag:** Er enthält die konkreten Löhne und Gehälter der jeweiligen Lohn-/Gehaltsgruppen, die der Arbeitgeber mindestens zahlen muss, sowie Regelungen zum Urlaubsgeld und zu Sonderzahlungen.
- **Manteltarifvertrag:** Dieser enthält allgemeine Arbeitsbedingungen (wie z. B. Arbeitszeit und Urlaubsdauer).
- **Tarifvertrag über vermögenswirksame Leistungen:** Arbeitnehmer/-innen erhalten gewöhnlich neben dem Lohn oder Gehalt vom Arbeitgeber noch einen „Arbeitgeberanteil zu vermögenswirksamen Leistungen“. Die Höhe dieses Arbeitgeberanteils wird in diesem Tarifvertrag bestimmt.

Zu 3.: Betriebsvereinbarungen

In jedem einzelnen Unternehmen kann nun noch einmal die Unternehmensleitung mit dem Betriebsrat (Interessenvertretung der Arbeitnehmer/-innen des einzelnen Betriebs) eine sogenannte Betriebsvereinbarung treffen – Voraussetzung ist natürlich, dass in dem Unternehmen ein Betriebsrat besteht. Gegenstand dieser Betriebsvereinbarungen sind betriebsinterne Regelungen wie z. B. Raucherregelungen, Arbeitszeiten, soziale Maßnahmen und Maßnahmen zur Unfallverhütung, die aber dem Tarifvertrag sowie Arbeitnehmerschutzgesetzen nicht entgegenstehen dürfen.

---

1 Dazu gehören z. B. Ort der Arbeitsstätte, Beginn (und ggf. Ende) des Arbeitsverhältnisses, Arbeitsentgelt, Arbeitszeiten usw. (§ 2 Nachweisgesetz).

2 Einordnen von Arbeitsverträgen mit Tarifbindung

ARBEITSAUFTRAG

Ergänzen Sie mithilfe des vorangehenden Infotextes die folgende Übersicht.

Mögliche Inhalte des Einzelarbeitsvertrags

zwischen ______________________ **und** ______________________

- ______________________ • ______________________
- ______________________ • ______________________
- ______________________ • ______________________
- ______________________ • ______________________
- ______________________ • ______________________

... muss mindestens so arbeitnehmerfreundlich sein wie ...

Tarifvertrag zwischen ______________________ **einerseits und** ______________________ **andererseits**	**Betriebsvereinbarung zwischen** ______________________ **und** ______________________

... können noch einmal unterteilt sein in:

Entgeltrahmenabkommen	**Entgelttarifvertrag**	**Manteltarifvertrag**	**Tarifvertrag über VL**[1]	enthält:
enthält:	enthält:	enthält:	enthält:	

... müssen mindestens so arbeitnehmerfreundlich sein wie ...

Arbeitnehmerschutzgesetze

- ______________________ • ______________________
- ______________________ • ______________________

1 vermögenswirksame Leistungen

3 Analysieren eines Arbeitsvertrags ohne Tarifbindung

Anders als die Decker GmbH schließt die Schulze Immobilien KG Anstellungsverträge ohne Tarifbindung ab, weil sie keiner Tarifpartei angehört. Die Angestellte Stefanie Stahl erhält folgenden Anstellungsvertrag:

Anstellungsvertrag

Zwischen ~~Herrn~~/Frau Stefanie Stahl, Hansaring 242, 50125 Köln

und Schulze Immobilien KG, Talweg 12, 50552 Köln

wird nachstehender Anstellungsvertrag geschlossen:

I. Einstellungstermin und Aufgabenbereich

(1) ~~Herr~~/Frau Stahl nimmt am 1. August 20.. die Tätigkeit als kaufmännische Sachbearbeiterin auf.

(2) Die ersten 3 Monate werden als Probezeit vereinbart. Innerhalb der Probezeit kann der Anstellungsvertrag mit einer Frist von einem Monat auf das Ende eines Monats gekündigt werden.

II. Vergütung

Das monatlich nachträglich zu zahlende Gehalt beträgt brutto 2.100,00 €.

III. Schlussbestimmungen

Im Übrigen richten sich die Vertragsbedingungen nach den gesetzlichen Vorschriften.

Köln, 20..-05-06

Ort, Datum

Schulze Immobilien KG

Herbert Schulze

Arbeitgeber

Stefanie Stahl

Arbeitnehmer/-in

Beantworten Sie folgende Fragen mithilfe des Infotextes auf Seite 53:

1. Ist ein so kurzer Arbeitsvertrag rechtlich zulässig?

2. Wo sind die Arbeitsbedingungen geregelt, die nicht im Vertrag stehen?

3. Warum ist es sinnvoll, einen ausführlichen Arbeitsvertrag aufzusetzen?

4 Vergleichen der Arbeitsbedingungen mit und ohne Tarifbindung

ARBEITSAUFTRAG

Vergleichen Sie anhand der Arbeitsverträge (Seite 47 f. und Seite 55) die Arbeitsbedingungen bei der Decker GmbH und bei der Schulze KG. Nehmen Sie außerdem den Tarifvertrag (Seite 49 ff.), die Betriebsvereinbarung (Seite 52), den Infotext (Seite 53) sowie die Auszüge aus den Arbeitnehmerschutzgesetzen (Seite 57) zu Hilfe.

Anstellungsvertrag Decker GmbH Arbeitsvertrag mit Tarifbindung	**Anstellungsvertrag Schulze KG Arbeitsvertrag ohne Tarifbindung**
1. Arbeitszeit Anzahl der Wochenarbeitsstunden ________ Quelle: ____________________ ____________________	**1. Arbeitszeit** Anzahl der Wochenarbeitsstunden ________ Quelle: ____________________ ____________________
2. Urlaub a) Urlaubstage/Jahr: ____________ Quelle: ____________ b) Das jährliche Urlaubsgeld, welches zusätzlich zum Arbeitsentgelt gezahlt wird, beträgt ________ €. Quelle: ____________________ ____________________ ____________________	**2. Urlaub** a) Urlaubstage/Jahr: ____________ Quelle: ____________ b) Das jährliche Urlaubsgeld, welches zusätzlich zum Arbeitsentgelt gezahlt wird, beträgt ________ €.[1] Quelle: ____________________ ____________________ ____________________
3. Weihnachtsgeld (= Sonderzahlung) Die jährliche Sonderzahlung, welche zusätzlich zum Arbeitsentgelt gezahlt wird, beträgt ________ €. Quelle: ____________________ ____________________ ____________________	**3. Weihnachtsgeld (= Sonderzahlung)** Die jährliche Sonderzahlung, welche zusätzlich zum Arbeitsentgelt gezahlt wird, beträgt ________ €. Quelle: ____________________ ____________________ ____________________
4. Entgeltfortzahlung im Krankheitsfall ________ lang Anspruch auf Fortzahlung von ______ % des Arbeitsentgelts Quelle: ____________________ ____________________	**4. Entgeltfortzahlung im Krankheitsfall** ________ lang Anspruch auf Fortzahlung von ______ % des Arbeitsentgelts Quelle: ____________________ ____________________

1 Urlaubsentgelt nach dem BUrlG ist nicht zu verwechseln mit Urlaubsgeld, sondern stellt nur die Weiterzahlung des normalen Arbeitsentgelts dar! Im Gegensatz dazu sieht der Tarifvertrag einen Urlaubsgeldanspruch bei Anspruch auf Fortzahlung des Entgelts vor.

Gesetzesauszüge zur Personaleinstellung

Auszug: Arbeitszeitgesetz (ArbZG)

§ 2 Begriffsbestimmungen

(1) Arbeitszeit im Sinne dieses Gesetzes ist die Zeit vom Beginn bis zum Ende der Arbeit ohne die Ruhepausen; [...]

§ 3 Arbeitszeit der Arbeitnehmer

Die werktägliche Arbeitszeit der Arbeitnehmer darf acht Stunden nicht überschreiten. Sie kann auf bis zu zehn Stunden nur verlängert werden, wenn innerhalb von sechs Kalendermonaten oder innerhalb von 24 Wochen im Durchschnitt acht Stunden werktäglich nicht überschritten werden.

§ 9 Sonn- und Feiertagsruhe

(1) Arbeitnehmer dürfen an Sonn- und gesetzlichen Feiertagen von 0 bis 24 Uhr nicht beschäftigt werden.[1]

Auszug: Bundesurlaubsgesetz (BUrlG)

§ 1 Urlaubsanspruch

Jeder Arbeitnehmer hat in jedem Kalenderjahr Anspruch auf bezahlten Erholungsurlaub.

§ 3 Dauer des Urlaubs

(1) Der Urlaub beträgt jährlich mindestens 24 Werktage.

(2) Als Werktage gelten alle Kalendertage, die nicht Sonn- oder gesetzliche Feiertage sind.

§ 6 Ausschluss von Doppelansprüchen

(1) Der Anspruch auf Urlaub besteht nicht, soweit dem Arbeitnehmer für das laufende Kalenderjahr bereits von einem früheren Arbeitgeber Urlaub gewährt worden ist.

(2) Der Arbeitgeber ist verpflichtet, bei Beendigung des Arbeitsverhältnisses dem Arbeitnehmer eine Bescheinigung über den im laufenden Kalenderjahr gewährten oder abgegoltenen Urlaub auszuhändigen.

§ 11 Urlaubsentgelt

(1) Das Urlaubsentgelt bemisst sich nach dem durchschnittlichen Arbeitsverdienst, das der Arbeitnehmer in den letzten dreizehn Wochen vor dem Beginn des Urlaubs erhalten hat [...]. Zum Arbeitsentgelt gehörende Sachbezüge, die während des Urlaubs nicht weitergewährt werden, sind für die Dauer des Urlaubs angemessen in bar abzugelten.

(2) Das Urlaubsentgelt ist vor Antritt des Urlaubs auszuzahlen.

Auszug: Entgeltfortzahlungsgesetz (EntgFG)

§ 3 Anspruch auf Entgeltfortzahlung im Krankheitsfall

(1) Wird ein Arbeitnehmer durch Arbeitsunfähigkeit infolge Krankheit an seiner Arbeitsleistung verhindert, ohne dass ihn ein Verschulden trifft, so hat er Anspruch auf Entgeltfortzahlung im Krankheitsfall durch den Arbeitgeber für die Zeit der Arbeitsunfähigkeit bis zur Dauer von sechs Wochen. [...]

§ 4 Höhe des fortzuzahlenden Arbeitsentgelts

(1) Für den in § 3 Abs. 1 oder in § 3a Absatz 1 bezeichneten Zeitraum ist dem Arbeitnehmer das ihm bei der für ihn maßgebenden regelmäßigen Arbeitszeit zustehende Arbeitsentgelt fortzuzahlen.

§ 5 Anzeige- und Nachweispflichten

(1) Der Arbeitnehmer ist verpflichtet, dem Arbeitgeber die Arbeitsunfähigkeit und deren voraussichtliche Dauer unverzüglich mitzuteilen. Dauert die Arbeitsunfähigkeit länger als drei Kalendertage, hat der Arbeitnehmer eine ärztliche Bescheinigung über das Bestehen der Arbeitsunfähigkeit sowie deren voraussichtliche Dauer spätestens an dem darauffolgenden Arbeitstag vorzulegen. [...]

1 Ausnahmen (Polizei, Krankenhäuser, Gastronomie usw.) werden in § 10 aufgelistet.

5 Erfassen der Personalstammdaten

Von: Paul Pinkawa <pinkawa@decker.de>
Betreff: Personalstammdaten
Datum: 1. Juli 20.. 11:17:48 MESZ
An: Schüler/-in <schüler-in@decker.de>

Guten Morgen Frau Schülerin/Herr Schüler,

bitte überprüfen Sie die Vollständigkeit folgender Unterlagen[1] unserer neuen Kraft:

- Urlaubsbescheinigung des vorherigen Arbeitgebers
- Steueridentifikationsnummer (Steuer-ID) des Finanzamts
- Sozialversicherungsausweis der Sozialversicherungen
- Mitgliedsbescheinigung der Krankenkasse
- Antrag auf Überweisung vermögenswirksamer Leistungen (VL)

Bitte erfassen Sie anschließend alle wichtigen Personalstammdaten in dem entsprechenden Formular (Folgeseite). Beachten Sie dazu ergänzend folgende Informationen:

- Personal-Nr.: M-1492-V
- Telefonnummer: 0221 881296
- Bankverbindung: IBAN: DE42700100800665704819
  BIC: PBNKDEFFXXX

Mit freundlichem Gruß

Paul Pinkawa

Leitung Personal
Decker GmbH

1 Die Unterlagen stellt Ihnen die Lehrperson zur Verfügung.

Personalstammdaten	
Personalnummer	
Name, Vorname	
Geburtsdatum/-ort	
Familienstand	
Straße	
PLZ/Ort	
Telefon	
Abteilung	
Funktion	
Eintrittsdatum	
Gehaltsgruppe	
Finanzamt	
Steuerklasse	
Kinderfreibetrag	
Konfession	
Krankenkasse	
Sozialversicherungsnummer	
Wochenarbeitszeit	
Urlaubsanspruch	
Bankverbindung	
IBAN	
BIC	
Arbeitgeberanteil VL (pro Monat)	
VL-Gesamtbetrag (pro Monat)	
Vertragsnummer VL	
Zahlungsempfänger VL	
Bank VL	
IBAN VL	
BIC VL	

Kompaktwissen

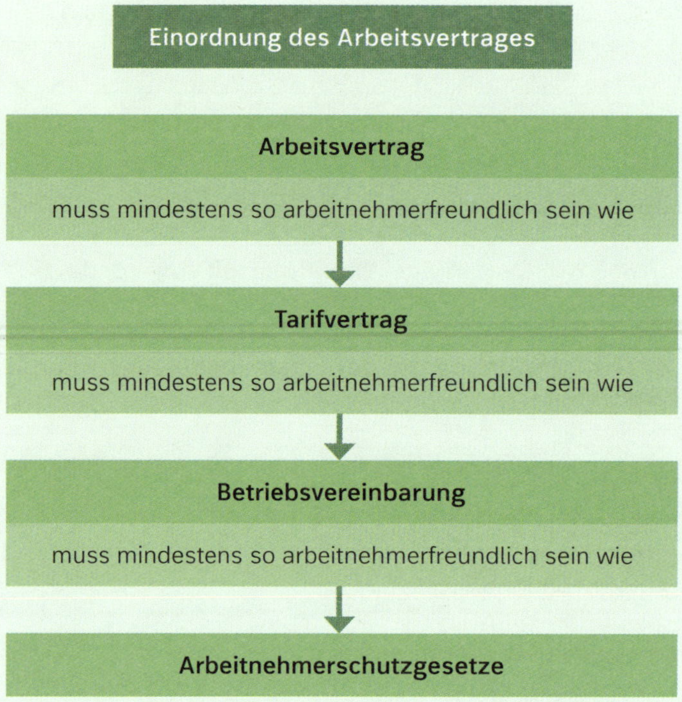

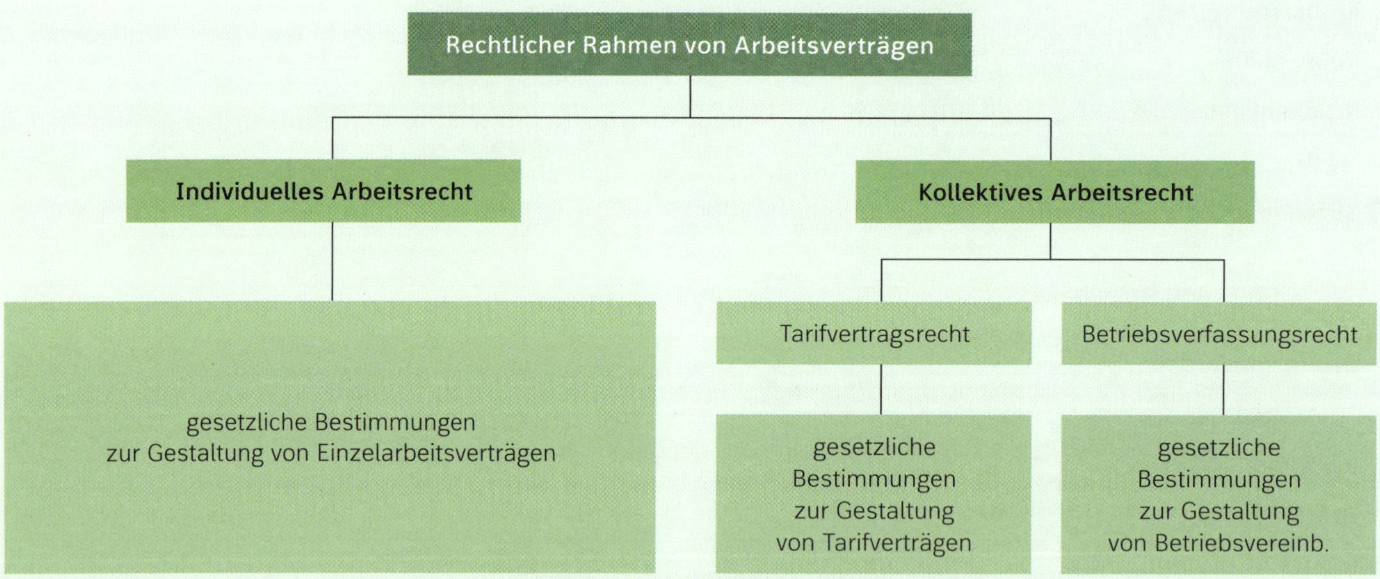

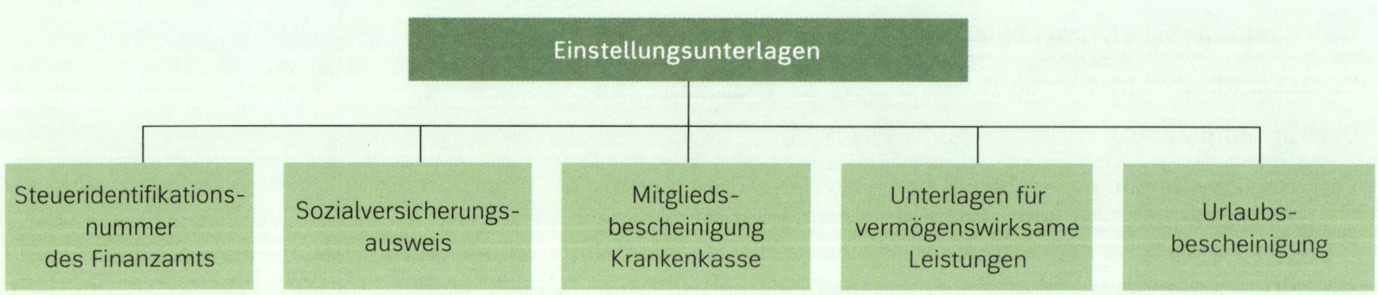

Vertiefungsaufgaben

1. Wer sind die Vertragsparteien beim Abschluss der nachfolgenden Verträge:
   a) Arbeitsvertrag
   b) Tarifvertrag
   c) Betriebsvereinbarung

2. Warum unterscheidet sich die Laufzeit des Manteltarifvertrags von der des Entgelttarifvertrags?

3. Aus welchem Grund sehen viele Arbeitsverträge eine Probezeit vor – und wie lange darf diese gemäß § 622 BGB höchstens dauern?

4. Welche Institution muss im Zusammenhang mit der Einstellung neuer Mitarbeiter/-innen gemäß Betriebsverfassungsgesetz informiert werden?

5. Aus welchen Gründen sollen neu eingestellte Personen folgende Einstellungsunterlagen mitbringen:
   a) Identifikationsnummer des Finanzamtes
   b) Sozialversicherungsausweis
   c) Mitgliedsbescheinigung der Krankenkasse
   d) Urlaubsbescheinigung des früheren Arbeitgebers
   e) Unterlagen für vermögenswirksame Leistungen

6. Herr Malisch ist Kreditsachbearbeiter bei der Neelsen Bank. Aufgrund eines Hörsturzes fällt er für mehrere Wochen aus und ist angewiesen auf eine Entgeltfortzahlung.
   a) Wozu ist Herr Malisch gegenüber der Neelsen Bank nach dem Entgeltfortzahlungsgesetz verpflichtet?
   b) Wie lange hat er einen gesetzlichen Anspruch auf die Entgeltfortzahlung?
   c) Wie ist die Situation nach Ablauf der gesetzlichen Dauer der Entgeltfortzahlung?

7. Prüfen Sie mithilfe des nachfolgenden Gesetzauszuges, ob in folgenden Fällen die Befristung des Arbeitsvertrages zulässig ist.

Gesetz über Teilzeitarbeit und befristete Arbeitsverträge (Auszug)

§ 14 Zulässigkeit der Befristung

(1) Die Befristung eines Arbeitsvertrages ist zulässig, wenn sie durch einen sachlichen Grund gerechtfertigt ist. Ein sachlicher Grund liegt insbesondere vor, wenn

1. der betriebliche Bedarf an der Arbeitsleistung nur vorübergehend besteht,
2. die Befristung im Anschluss an eine Ausbildung oder ein Studium erfolgt, um den Übergang des Arbeitnehmers in eine Anschlussbeschäftigung zu erleichtern,
3. der Arbeitnehmer zur Vertretung eines anderen Arbeitnehmers beschäftigt wird,
4. die Eigenart der Arbeitsleistung die Befristung rechtfertigt,
5. die Befristung zur Erprobung erfolgt,

[...].

(2) Die kalendermäßige Befristung eines Arbeitsvertrags ohne Vorliegen eines sachlichen Grundes ist bis zur Dauer von zwei Jahren zulässig; bis zu dieser Gesamtdauer von zwei Jahren ist auch die höchstens dreimalige Verlängerung eines kalendermäßig befristeten Arbeitsvertrags zulässig. [...]

a) Der Bauunternehmer Hackel befristet den Arbeitsvertrag mit einer Juristin auf 36 Monate, da zu diesem Zeitpunkt das geplante Umstrukturierungsprojekt abgeschlossen ist.
b) Der Handelsbetrieb Michelsen KG plant die Neueinstellung eines IT-Mitarbeiters zur Installation und Pflege eines neuen Webshops. Da noch nicht absehbar ist, ob die Kunden diese Vertriebsform annehmen, wird der Arbeitsvertrag zunächst auf 28 Monate befristet.
c) Die Max Meyer GmbH plant die auf 15 Monate befristete Einstellung einer Sachbearbeiterin, eine Begründung wird nicht abgegeben.

E Personalentlohnung

Praxisfall „Decker GmbH“

1 Entwickeln der Struktur einer Entgeltabrechnung

ARBEITSAUFTRAG

Ergänzen Sie das Schema zum Aufbau von Entgeltabrechnungen in tarifgebundenen Unternehmen mithilfe des nachfolgenden Lexikons.

Rechte Felder: Bitte die entsprechende Position eintragen.
Linke Felder: Bitte „+“, „–“ oder „=“ eintragen.

Infotext: Lexikon zur Entgeltabrechnung

Arbeitslosenversicherung, Zweig der → Sozialversicherung. Arbeitnehmende sind verpflichtet, eine gesetzliche Arbeitslosenversicherung abzuschließen. Sinn dieser Versicherung ist der finanzielle Schutz der Arbeitnehmenden bei Arbeitslosigkeit, die Vermittlung von Arbeitsplätzen, Durchführung von Maßnahmen zur Erhaltung und Förderung von Arbeitsplätzen usw. Beitragshöhe siehe → *Beitragssätze der Sozialversicherungen*.

Auszahlungsbetrag (auch: Überweisungsbetrag), der den Arbeitnehmenden letztlich ausgezahlte bzw. überwiesene Betrag.

Beitragsbemessungsgrenze, Deckelung des Sozialversicherungsbeitrags bei höherem Einkommen. Liegt das Einkommen einer arbeitnehmenden Person über der Beitragsbemessungsgrenze, so wird der prozentuale Beitragssatz lediglich auf die Beitragsbemessungsgrenze bezogen. Monatliche Beitragsbemessungsgrenzen:

Beitragsbemessungsgrenze der ...	West	Ost
... Kranken- und Pflegeversicherung	4.987,50	4.987,50
... Arbeitslosen- und Rentenversicherung	7.300,00	7.100,00

Beitragssätze der Sozialversicherungen: Die nachfolgenden Beitragssätze der Sozialversicherungen beziehen sich auf das → sozialversicherungspflichtige Bruttoentgelt bzw. die betreffende → Beitragsbemessungsgrenze:

Sozialversicherung	Beitragssatz	AN-Anteil	AG-Anteil
Krankenversicherung:	**14,6 % + X**	7,3 % + X/2	7,3 % + X/2
Pflegeversicherung: *(kinderlose Arbeitnehmende über 23):*	**3,05 %** *(3,4 %)*	1,525 % *(1,875 %)*	1,525 % *(1,525 %)*
Arbeitslosenversicherung:	**2,6 %**	1,3 %	1,3 %
Rentenversicherung:	**18,6 %**	9,3 %	9,3 %

Hinweis zur Krankenversicherung: „X“ steht für einen Zusatzbeitrag, den jede Krankenkasse individuell festlegen kann. Auch dieser wird je zur Hälfte vom Arbeitgebern und Arbeitnehmenden getragen.

Bruttoentgelt, vertraglich vereinbartes Gesamtentgelt (Grundentgelt zuzüglich Zuschlägen, Sonderzahlungen und dem Arbeitgeberanteil zu vermögenswirksamen Leistungen).

Einkommensteuer, Steuer, die gemäß Einkommensteuergesetz von allen Einkünften natürlicher Personen über die Finanzämter an Bund, Länder und Gemeinden entrichtet werden muss.

ELStAM (Elektronische LohnSteuerAbzugsMerkmale): Steuerrelevante Angaben, die bislang auf der Lohnsteuerkarte eingetragen waren: Steuerklasse, Zahl der Kinderfreibeträge, Konfession. Die Eintragung steuerlich bedeutsamer Änderungen im Melderegister (Heirat, Geburt eines Kindes, Kirchenein- oder -austritt usw.) wird dabei automatisch beim Lohnsteuerabzug berücksichtigt.

Entgelt, Oberbegriff für Lohn (Arbeiterentgelt) und/oder Gehalt (Angestelltenentgelt).

Freiwillig Krankenversicherte, → Pflichtversicherungsgrenze.

Gehalt, → Entgelt für Angestellte bzw. Mitarbeiter/-innen, welche die Hand nicht am Produkt haben (z. B. im Einkauf, in der Personalabteilung, im Rechnungswesen, im Marketing, im Vertrieb).

Gesundheitsfonds, staatlich organisierter „Topf“, der aus Arbeitnehmer- und Arbeitgeberbeiträgen zur gesetzlichen Krankenversicherung sowie aus Steuergeldern gespeist wird und diese dann an die Krankenkassen nach bestimmten Risikokriterien (Alter, Geschlecht, Krankheitsfälle usw.) umverteilt. Durch diesen „Risikoausgleich“ soll ein fairer Wettbewerb unter den gesetzlichen Krankenkassen gefördert werden. Alle Mitglieder der gesetzlichen Krankenversicherungen zahlen einen einheitlichen Beitragssatz (→ Beitragssätze der Sozialversicherungen) an ihre Krankenkasse, welche die Beiträge an den Fonds weiterleitet.

Kinderfreibetrag, → Freibeträge für Kinder auf der Lohnsteuerkarte. Die Zahl der Kinderfreibeträge wirkt sich in der Lohnsteuertabelle auf die Höhe von Solidaritätszuschlag und Kirchensteuer aus.

Kirchensteuer. Neben der Lohnsteuer werden in der Entgeltabrechnung auch Kirchensteuern vom Arbeitsentgelt abgezogen, sofern Arbeitnehmende einer „steuererhebenden Religionsgemeinschaft“ angehören. *Die Höhe der Kirchensteuer ist abhängig vom Bundesland und der Anzahl der Kinder und* *kann aus der Lohnsteuertabelle abgelesen werden. Arbeitnehmende ohne Kinder bezahlen 9 % (in Bayern und Baden-Württemberg 8 %) der Lohnsteuer. Mit zunehmender Kinderzahl (siehe unter „mit Zahl der Kinderfreibeträge" in der Lohnsteuertabelle) verringert sich die Kirchensteuer gemäß einem Berechnungsschlüssel.*

Krankenversicherung, Zweig der → Sozialversicherung. Alle Arbeitnehmer/-innen sind gesetzlich verpflichtet, bei einer Krankenkasse eine Krankenversicherung abzuschließen (Ausnahme: siehe → *Pflichtversicherungsgrenze*). Die Krankenversicherung soll den versicherten Arbeitnehmenden und Familienangehörigen bei Krankheit und (den meisten) Unfällen ermöglichen, die Kosten für die Hilfe durch Ärzte, Zahnärztinnen, Krankenhäuser sowie die erforderlichen Heilbehandlungen (z.B. Kuren) und Heilmittel (z.B. Medikamente) ersetzt zu bekommen. Beitragshöhe siehe → *Beitragssätze der Sozialversicherungen*.

Lohn, → Entgelt für Arbeiter/-innen bzw. Mitarbeiter/-innen, welche die Hand am Produkt haben (z.B. im Lager, in der Fertigung, in der Montage).

Lohnsteuer, die bei Einkünften aus nicht selbstständiger Arbeit durch Abzug vom Arbeitsentgelt erhobene → Einkommensteuer. Berechnungsgrundlage ist das Bruttoentgelt. Die Lohnsteuer kann aus der Lohnsteuertabelle abgelesen werden.

Lohnsteuerklasse, die allen Arbeitnehmenden zu Zwecken der Besteuerung zugeordnet wird. Abhängig von den Lebensverhältnissen werden unterschieden:

Klasse I: Ledige, geschiedene, verwitwete oder verheiratete Arbeitnehmende, die von ihrem Ehegatten dauernd getrennt leben oder deren Ehegatte im Ausland lebt.

Klasse II: Die in Steuerklasse I genannten Arbeitnehmenden, in deren inländischer Wohnung mindestens ein Kind gemeldet ist.

Klasse III: Verheiratete Arbeitnehmende, die nicht dauernd getrennt leben und deren Ehegatten kein Einkommen beziehen oder auf Antrag in Steuerklasse V eingestuft wurden.

Klasse IV: Verheiratete Arbeitnehmende, die nicht dauernd getrennt im Inland leben und beide Arbeitsentgelt beziehen. Beide Ehepartner werden in Klasse IV eingestuft.

Klasse V: Arbeitnehmende erhalten diese Steuerklasse statt Steuerklasse IV, wenn der andere Ehegatte auf Antrag in Steuerklasse III eingestuft wurde.

Klasse VI: Arbeitnehmende, die gleichzeitig Arbeitsentgelt mehrerer Arbeitgeber beziehen.

Nettoentgelt, monatliches Bruttoentgelt abzüglich aller Steuern (einschließlich Solidaritätszuschlag) und Sozialversicherungsbeiträge. Es ist nicht unbedingt identisch mit dem → Auszahlungsbetrag.

Pflegeversicherung, Zweig der → Sozialversicherung. Alle Arbeitnehmenden, die krankenversicherungspflichtig sind, sind auch gesetzlich verpflichtet, eine Pflegeversicherung abzuschließen. Sie soll das Risiko einer Pflegebedürftigkeit im Alter aufgrund von Krankheit und Behinderung absichern. Beitragshöhe siehe → *Beitragssätze der Sozialversicherungen*.

Pflichtversicherungsgrenze, Arbeitnehmende, deren durchschnittliches Jahreseinkommen über dieser Grenze liegt, sind nicht verpflichtet, Mitglied der gesetzlichen Kranken- oder Pflegeversicherung zu sein.

Rentenversicherung, Zweig der → Sozialversicherung. Alle Arbeitnehmenden sind gesetzlich verpflichtet, eine gesetzliche Rentenversicherung abzuschließen. Sie soll den Arbeitnehmenden bzw. ihren Angehörigen im Falle der Berufsunfähigkeit, der Erwerbsunfähigkeit, des Alters sowie des Todes laufende Geldleistungen gewähren. Beitragshöhe siehe → *Beitragssätze der Sozialversicherungen*.

Solidaritätszuschlag, steuerähnlicher Entgeltabzug, der sich nach der Höhe der Lohnsteuer bemisst. Sinn dieses steuerähnlichen Abzugs ist die gemeinschaftliche Unterstützung der Integration der neuen Bundesländer. *Der Solidaritätszuschlag kann in der Lohnsteuertabelle abgelesen werden. Arbeitnehmende ohne Kinder zahlen 5,5 % der Lohnsteuer. Das gilt nicht, wenn Kinderfreibeträge auf der Lohnsteuerkarte eingetragen sind, denn dann bemisst sich der Solidaritätszuschlag nach einer fiktiven Lohnsteuer.*

Sonderzahlungen, Zuschüsse, die der Arbeitgeber neben dem → Tarif-/Grundentgelt bezahlt, z.B. Kleidergeld und Mietzuschüsse, aber auch Weihnachtsgeld als einmalige Sonderzahlung.

Sozialversicherungen, Kranken-, Pflege-, Arbeitslosen-, Renten- und Unfallversicherung, die im Gegensatz zu den Individualversicherungen gesetzlich vorgeschrieben sind. Die Unfallversicherung trägt der Arbeitgeber als einzige allein. Alle anderen Sozialversicherungsbeiträge werden von Arbeitgeber und Arbeitnehmenden anteilig getragen. Die Beitragshöhe ist ein prozentualer Anteil des → sozialversicherungspflichtigen Bruttoentgelts bzw. der Beitragsbemessungsgrenze.

Sozialversicherungspflichtiges Bruttoentgelt, identisch mit → Bruttoentgelt, nicht zu verwechseln mit → steuerpflichtigem Bruttoentgelt.

Steueridentifikationsnummer (IdNr): Alle Bundesbürger/-innen erhalten eine elfstellige, lebenslang gültige Identifikationsnummer, welche Name, Anschrift, Geschlecht, Geburtsdatum, Geburtsort und zuständiges Finanzamt verschlüsselt. Alle Finanzbehörden können mithilfe der IdNr jeden Bundesbürger/jede Bundesbürgerin eindeutig identifizieren. Sie ist auf jedem Einkommensteuerbescheid angegeben. Bei Einstellung teilen die Arbeitnehmenden dem Arbeitgeber die IdNr und das Geburtsdatum mit, der Arbeitgeber meldet die Arbeitnehmenden damit zum → ELStAM-Verfahren an.

Tarifentgelt, das zwischen Arbeitgeberverbänden und Gewerkschaften einer Branche ausgehandelte und in den Entgelttarifverträgen (= Lohn- und Gehaltstarifverträgen) festgeschriebene Monatsentgelt für Arbeitnehmende.

Tarifpartei, Arbeitgeber bzw. Arbeitgeberverbände einerseits und Gewerkschaften andererseits, welche ohne Eingriff von außen (daher: Tarifautonomie) Tarifverträge miteinander abschließen.

Vermögenswirksame Leistungen (VL), Geldleistungen, die dem Arbeitnehmenden nicht ausgezahlt, sondern vom Nettogehalt abgezogen und für ihn langfristig angelegt werden (Bausparvertrag, Lebensversicherung usw.). *Je nach Vertrag zahlt auch der Arbeitgeber einen Anteil dazu, welcher zum Tarif- oder Grundentgelt hinzugerechnet wird.* Arbeitnehmende haben auf diese Leistungen einen Anspruch, wenn sie im Tarifvertrag, den Betriebsvereinbarungen oder im Einzelarbeitsvertrag vorgesehen sind. Dabei dürfen sie sich die Anlage aussuchen. Sinn der vermögenswirksamen Leistungen ist die Hilfe bei der Vermögensbildung von Arbeitnehmendene. Unter bestimmten Voraussetzungen erhalten Arbeitnehmende vom Staat zusätzlich eine Arbeitnehmer-Sparzulage.

Zuschlag, Entlohnung für geleistete Mehr-, Sonn-, Feiertags-, Nacht- und Schichtarbeit, die zusätzlich zum Tarif-/Grundentgelt bezahlt wird.

2 Erstellen von Entgeltabrechnungen

Von: Paul Pinkawa<pinkawa@decker.de>
Betreff: Gehaltsabrechnungen
Datum: 22. Juli 20.. 10:22:45 MESZ
An: Schüler/-in<schueler-in@decker.de>

Guten Morgen Frau Schülerin/Herr Schüler,

ergänzen Sie bitte das Gehaltsabrechnungsformular (auf der Folgeseite), indem Sie zunächst auf der linken Seite alle Positionen eintragen.

Erstellen Sie dann die Gehaltsabrechnung des Monats Juli für unsere neue Kraft. Die erforderlichen Daten entnehmen Sie bitte

- dem Anstellungsvertrag (Seite 47),
- den Personalstammdaten (Seite 59),
- der Lohnsteuertabelle (Seite 68) und
- dem „Lexikon zur Entgeltabrechnung“ (Seite 63 ff.).

Zuschläge und Sonderzahlungen sind nicht vorgesehen, der Zusatzbeitrag der Kölner Gesundheitskasse (KGK) zum gesetzlichen Krankenversicherungsbeitrag beträgt 1,5 %.

Bitte erstellen Sie anschließend auch die Gehaltsabrechnungen für Frau Preisler (Seite 70) und für unseren außertariflich vergüteten Mitarbeiter Herrn Brehm (Seite 72). Beachten Sie bitte die Konfession und die Beitragsbemessungsgrenzen.

Mit freundlichem Gruß

Paul Pinkawa

Leitung Personal
Decker GmbH

Decker GmbH

Gehaltsabrechnung **Monat:** .... 20..

Name: ______________ **Personalnummer:** ______________

Steuerklasse: ________ **Konfession:** ________ **Kinderfreibetrag:** ________

Grundgehalt: .... ________

______________: ________

______________: ________

______________: ________

Bruttogehalt: .... ________

______________: ________

______________: ________

______________: ________

Abzüge Steuern: .... ________

______________: ________

______________: ________

______________: ________

______________. ________

Abzüge Sozialversicherungsbeiträge: .... ________

______________: ________

______________: ________

______________: ________

Lohnsteuertabelle (Auszüge)[1]

MONAT

Abzüge an Lohnsteuer, Solidaritätszuschlag (SolZ) und Kirchensteuer (8%, 9%) in den Steuerklassen

Lohn/ Gehalt bis €*	I – VI					I, II, III, IV		mit Zahl der Kinderfreibeträge . . . 0,5			1			1,5			2			2,5			3		
		LSt	ohne Kinderfreibeträge SolZ	8%	9%		LSt	SolZ	8%	9%	SolZ	8%	9%	SolZ	8%	9%	SolZ	8%	9%	SolZ	8%	9%	SolZ	8%	9%
2 681,99	I,IV	272,16	—	21,77	24,49	I	272,16	—	13,85	15,58	—	6,44	7,24	—	0,59	0,66	—	—	—	—	—	—	—	—	—
	II	183,16	—	14,65	16,48	II	183,16	—	7,19	8,09	—	1,08	1,22	—	—	—	—	—	—	—	—	—	—	—	—
	III	40,50	—	3,24	3,64	III	40,50	—	—	—	—	—	—	—	—	—	—	—	—	—	—	—	—	—	—
	V	570,16	—	45,61	51,31	IV	272,16	—	17,74	19,96	—	13,85	15,58	—	10,08	11,34	—	6,44	7,24	—	3,19	3,59	—	0,59	0,66
	VI	608,66	—	48,69	54,77																				
2 684,99	I,IV	272,91	—	21,83	24,56	I	272,91	—	13,90	15,63	—	6,48	7,29	—	0,62	0,70	—	—	—	—	—	—	—	—	—
	II	183,83	—	14,70	16,54	II	183,83	—	7,24	8,14	—	1,12	1,26	—	—	—	—	—	—	—	—	—	—	—	—
	III	41,—	—	3,28	3,69	III	41,—	—	—	—	—	—	—	—	—	—	—	—	—	—	—	—	—	—	—
	V	571,—	—	45,68	51,39	IV	272,91	—	17,80	20,02	—	13,90	15,63	—	10,13	11,39	—	6,48	7,29	—	3,23	3,63	—	0,62	0,70
	VI	609,66	—	48,77	54,86																				
2 687,99	I,IV	273,58	—	21,88	24,62	I	273,58	—	13,95	15,69	—	6,53	7,34	—	0,65	0,73	—	—	—	—	—	—	—	—	—
	II	184,50	—	14,76	16,60	II	184,50	—	7,28	8,19	—	1,14	1,28	—	—	—	—	—	—	—	—	—	—	—	—
	III	41,33	—	3,30	3,71	III	41,33	—	—	—	—	—	—	—	—	—	—	—	—	—	—	—	—	—	—
	V	572,—	—	45,76	51,48	IV	273,58	—	17,85	20,08	—	13,95	15,69	—	10,18	11,45	—	6,53	7,34	—	3,26	3,67	—	0,65	0,73
	VI	610,66	—	48,85	54,95																				
2 690,99	I,IV	274,25	—	21,94	24,68	I	274,25	—	14,—	15,75	—	6,58	7,40	—	0,68	0,77	—	—	—	—	—	—	—	—	—
	II	185,08	—	14,80	16,65	II	185,08	—	7,33	8,24	—	1,18	1,32	—	—	—	—	—	—	—	—	—	—	—	—
	III	41,83	—	3,34	3,76	III	41,83	—	—	—	—	—	—	—	—	—	—	—	—	—	—	—	—	—	—
	V	572,83	—	45,82	51,55	IV	274,25	—	17,90	20,14	—	14,—	15,75	—	10,22	11,50	—	6,58	7,40	—	3,30	3,71	—	0,68	0,77
	VI	611,66	—	48,93	55,04																				
2 933,99	I,IV	329,41	—	26,35	29,64	I	329,41	—	18,14	20,41	—	10,45	11,75	—	3,48	3,92	—	—	—	—	—	—	—	—	—
	II	237,25	—	18,98	21,35	II	237,25	—	11,23	12,63	—	4,12	4,64	—	—	—	—	—	—	—	—	—	—	—	—
	III	78,—	—	6,24	7,02	III	78,—	—	1,08	1,21	—	—	—	—	—	—	—	—	—	—	—	—	—	—	—
	V	648,—	—	51,84	58,32	IV	329,41	—	22,18	24,95	—	18,14	20,41	—	14,23	16,01	—	10,45	11,75	—	6,80	7,65	—	3,48	3,92
	VI	688,66	—	55,09	61,97																				
2 936,99	I,IV	330,08	—	26,40	29,70	I	330,08	—	18,20	20,47	—	10,50	11,81	—	3,52	3,96	—	—	—	—	—	—	—	—	—
	II	237,91	—	19,03	21,41	II	237,91	—	11,28	12,69	—	4,16	4,68	—	—	—	—	—	—	—	—	—	—	—	—
	III	78,50	—	6,28	7,06	III	78,50	—	1,10	1,24	—	—	—	—	—	—	—	—	—	—	—	—	—	—	—
	V	649,—	—	51,92	58,41	IV	330,08	—	22,24	25,02	—	18,20	20,47	—	14,28	16,07	—	10,50	11,81	—	6,84	7,70	—	3,52	3,96
	VI	689,50	—	55,16	62,05																				
2 939,99	I,IV	330,83	—	26,46	29,77	I	330,83	—	18,24	20,52	—	10,55	11,87	—	3,56	4,01	—	—	—	—	—	—	—	—	—
	II	238,58	—	19,08	21,47	II	238,58	—	11,33	12,74	—	4,20	4,73	—	—	—	—	—	—	—	—	—	—	—	—
	III	79,—	—	6,32	7,11	III	79,—	—	1,14	1,28	—	—	—	—	—	—	—	—	—	—	—	—	—	—	—
	V	649,83	—	51,98	58,48	IV	330,83	—	22,29	25,07	—	18,24	20,52	—	14,33	16,12	—	10,55	11,87	—	6,89	7,75	—	3,56	4,01
	VI	690,50	—	55,24	62,14																				
2 942,99	I,IV	331,50	—	26,52	29,83	I	331,50	—	18,30	20,58	—	10,60	11,92	—	3,60	4,05	—	—	—	—	—	—	—	—	—
	II	239,25	—	19,14	21,53	II	239,25	—	11,38	12,80	—	4,24	4,77	—	—	—	—	—	—	—	—	—	—	—	—
	III	79,33	—	6,34	7,13	III	79,33	—	1,17	1,31	—	—	—	—	—	—	—	—	—	—	—	—	—	—	—
	V	650,83	—	52,06	58,57	IV	331,50	—	22,34	25,13	—	18,30	20,58	—	14,38	16,18	—	10,60	11,92	—	6,94	7,80	—	3,60	4,05
	VI	691,50	—	55,32	62,23																				
5 222,99	I,IV	946,08	—	75,68	85,14	I	946,08	—	64,88	72,99	—	54,58	61,40	—	44,81	50,41	—	35,54	39,98	—	26,80	30,15	—	18,56	20,88
	II	824,83	—	65,98	74,23	II	824,83	—	55,64	62,59	—	45,81	51,53	—	36,49	41,05	—	27,69	31,15	—	19,40	21,82	—	11,62	13,07
	III	547,16	—	43,77	49,24	III	547,16	—	35,72	40,18	—	27,92	31,41	—	20,37	22,91	—	13,08	14,71	—	6,54	7,36	—	1,32	1,48
	V	1 434,33	—	114,74	129,08	IV	946,08	—	70,22	78,99	—	64,88	72,99	—	59,67	67,13	—	54,58	61,40	—	49,63	55,83	—	44,81	50,41
	VI	1 477,58	1,86	118,20	132,98																				
5 225,99	I,IV	947,08	—	75,76	85,23	I	947,08	—	64,96	73,08	—	54,66	61,49	—	44,88	50,49	—	35,61	40,06	—	26,86	30,21	—	18,62	20,94
	II	825,83	—	66,06	74,32	II	825,83	—	55,71	62,67	—	45,88	51,61	—	36,56	41,13	—	27,75	31,22	—	19,46	21,89	—	11,68	13,14
	III	548,—	—	43,84	49,32	III	548,—	—	35,77	40,24	—	27,97	31,46	—	20,42	22,97	—	13,13	14,77	—	6,58	7,40	—	1,34	1,51
	V	1 435,41	—	114,83	129,18	IV	947,08	—	70,30	79,08	—	64,96	73,08	—	59,74	67,21	—	54,66	61,49	—	49,70	55,91	—	44,88	50,49
	VI	1 478,75	2,—	118,30	133,08																				
5 228,99	I,IV	948,08	—	75,84	85,32	I	948,08	—	65,03	73,16	—	54,73	61,57	—	44,95	50,57	—	35,68	40,14	—	26,92	30,28	—	18,68	21,01
	II	826,75	—	66,14	74,40	II	826,75	—	55,78	62,75	—	45,94	51,68	—	36,62	41,20	—	27,81	31,28	—	19,52	21,96	—	11,74	13,20
	III	548,83	—	43,90	49,39	III	548,83	—	35,84	40,32	—	28,02	31,52	—	20,48	23,04	—	13,18	14,83	—	6,64	7,47	—	1,38	1,55
	V	1 436,58	—	114,92	129,29	IV	948,08	—	70,38	79,17	—	65,03	73,16	—	59,82	67,29	—	54,73	61,57	—	49,78	56,—	—	44,95	50,57
	VI	1 479,83	2,13	118,38	133,18																				
5 231,99	I,IV	949,16	—	75,93	85,42	I	949,16	—	65,11	73,25	—	54,80	61,65	—	45,02	50,64	—	35,74	40,21	—	26,98	30,35	—	18,74	21,08
	II	827,75	—	66,22	74,49	II	827,75	—	55,86	62,84	—	46,02	51,77	—	36,69	41,27	—	27,88	31,36	—	19,58	22,02	—	11,79	13,26
	III	549,50	—	43,96	49,45	III	549,50	—	35,89	40,37	—	28,08	31,59	—	20,53	23,09	—	13,24	14,89	—	6,68	7,51	—	1,41	1,58
	V	1 437,75	—	115,02	129,39	IV	949,16	—	70,46	79,26	—	65,11	73,25	—	59,90	67,38	—	54,80	61,65	—	49,85	56,08	—	45,02	50,64
	VI	1 481,—	2,27	118,48	133,29																				

1 Quelle: Stollfuß Tabellen, Gesamtabzug 2023, Monat, Allgemeine Tabelle, 115. Aufl., Stollfuß Verlag, Bonn 2023, S. T 40, S. T 45, S. T 90

Personalstammdaten	
Personalnummer	P-1224-E
Name, Vorname	Preisler, Susanne
Geburtsdatum/-ort	1980-05-20, Emmerich
Familienstand	geschieden
Straße	Hauptstr. 147
PLZ/Ort	50121 Köln
Telefon	(0221) 20 30 40
Abteilung	Einkauf
Funktion	Auftragsbearbeitung
Eintrittsdatum	2002-04-01
Gehaltsgruppe	IV (seit 2015)
Finanzamt	Köln-Süd
Steuerklasse	II
Kinderfreibetrag	0,5
Konfession	evangelisch
Krankenkasse	Kölner Gesundheitskasse (KGK)
Sozialversicherungsnummer	24220560 P 024
Wochenarbeitszeit	38,5 Std.
Urlaubsanspruch	30 Tage/Kalenderjahr
Bankverbindung	Commerzbank Köln
IBAN	DE62370400440090909090
BIC	COBADEFFXXX
Arbeitgeberanteil VL (pro Monat)	26,00 €
VL-Gesamtbetrag (pro Monat)	40,00 €
Vertragsnummer VL	509 124 555
Zahlungsempfänger VL	HUK Coburg
Bank VL	Deutsche Bank Coburg
IBAN VL	DE49500250509265895168
BIC VL	DWPBDEFFXXX

Decker GmbH

Gehaltsabrechnung **Monat:** .... 20..

Name: ______________________________ **Personalnummer:** ______________________

Steuerklasse: ______________ **Konfession:** ______________ **Kinderfreibetrag:** ______________

Grundgehalt: .... ______________

________________________________: ______________

________________________________: ______________

________________________________: ______________

Bruttogehalt: .... ______________

________________________________: ______________

________________________________: ______________

________________________________: ______________

Abzüge Steuern: .... ______________

________________________________: ______________

________________________________: ______________

________________________________: ______________

________________________________: ______________

Abzüge Sozialversicherungsbeiträge: .... ______________

________________________________: ______________

________________________________: ______________

________________________________: ______________

Personalstammdaten	
Personalnummer	B-1604-E
Name, Vorname	Brehm, Joachim
Geburtsdatum/-ort	1982-08-08, Lingen, Ems
Familienstand	verheiratet, 3 Kinder
Straße	Neusser Str. 212
PLZ/Ort	50122 Köln
Telefon	(0221) 69 54 99
Abteilung	Beschaffung
Funktion	Leitung Zentralbereich
Eintrittsdatum	2009-10-01
Gehaltsgruppe	AT: 5.200,00 €
Finanzamt	Köln-Nord
Steuerklasse	III
Kinderfreibetrag	3
Konfession	-
Krankenkasse	Kölner Gesundheitskasse (KGK)
Sozialversicherungsnummer	11080862 B 022
Wochenarbeitszeit	40 Std.
Urlaubsanspruch	35 Tage
Bankverbindung	Deutsche Bank Köln
IBAN	DE48370700600080808080
BIC	DEUTDEDKXXX
Arbeitgeberanteil VL (pro Monat)	26,00 €
VL-Gesamtbetrag (pro Monat)	40,00 €
Vertragsnummer VL	600 125 411
Zahlungsempfänger VL	Allianz
Bank VL	Postbank Berlin
IBAN VL	DE42520300509672675957
BIC VL	PBNKDEFFXXX

Decker GmbH

Gehaltsabrechnung **Monat:** .... 20..

Name: ______________________ **Personalnummer:** ______________________

Steuerklasse: ____________ **Konfession:** ____________ **Kinderfreibetrag:** ____________

Grundgehalt: .... ____________

______________________: ____________

______________________: ____________

______________________: ____________

Bruttogehalt: .... ____________

______________________: ____________

______________________: ____________

______________________: ____________

Abzüge Steuern: .... ____________

______________________: ____________

______________________: ____________

______________________: ____________

______________________: ____________

Abzüge Sozialversicherungsbeiträge: .... ____________

______________________: ____________

______________________: ____________

______________________: ____________

3 Erstellen der Entgeltliste[1]

Entgeltliste Decker GmbH

für Monat: ______________

Name	Grund-/ Tarif-entgelt	AG-Anteil VL	Brutto-entgelt	Abzüge in €									Netto	Abzüge VL	Auszah-lungsbe-trag	SV-Anteil AG
				Lohn-steuer	Soli	Ki-St. rk.	Ki.-St. ev.	KV	PV	RV	ALV	Summe Abzüge				
Brehm																
Müller																
Preisler																
Summe:																

ARBEITSAUFTRÄGE

Erstellen Sie die (vereinfachte) Entgeltliste der Decker GmbH und beantworten Sie nachfolgende Fragen.

Fragen:

1. Wie hoch sind nach diesem Auszug die gesamten Personalaufwendungen für die Decker GmbH (ohne Unfallversicherung)?

   ______________ €

2. Welchen Betrag muss die Decker GmbH für den Monat Juli an das Finanzamt überweisen?

   ______________ €

3. Welchen Betrag muss die Decker GmbH für den Monat Juli an Sozialversicherungsbeiträgen an die Krankenkasse überweisen?

   ______________ €

1 Um das Prinzip zu veranschaulichen, werden in dieser Entgeltliste exemplarisch nur drei Angestellte erfasst.

4 Buchen der Entgelte

Von: Paul Pinkawa<pinkawa@decker.de>
Betreff: Gehaltsbuchungen
Datum: 24. Juli 20.. 10:22:45 MESZ
An: Schüler/-in<schueler-in@decker.de>

Guten Morgen Frau Schülerin/Herr Schüler,

bitte nehmen Sie die Buchungen der Gehälter im Grundbuch (Folgeseite) vor. Sie finden dazu eine Anleitung im nachfolgenden Infotext. Bitte beachten Sie folgende Termine:

- **Am 26. Juli** werden die Sozialversicherungsbeitragsvorauszahlungen überwiesen.
- **Am 30. Juli** sind die Überweisungen der Gehälter unter Einbehaltung sämtlicher Abzüge und unter Verrechnung der SV-Beiträge fällig. Darüber hinaus muss am selben Tag der Arbeitgeberanteil zur Sozialversicherung gebucht werden.
- **Am 10. August** sind sämtliche Steuern, der Solidaritätszuschlag sowie die vermögenswirksamen Leistungen (Gesamtbeträge) zu überweisen.

Mit freundlichem Gruß

Paul Pinkawa

Leitung Personal
Decker GmbH

Grundbuch Decker GmbH			
Datum	**Buchungstext**	**Soll**	**Haben**

Infotext: Gehaltsbuchungen

Nr.	Buchungssatz	Termin
1	2640 SV-Beitragsvorauszahlungen	Zahlungseingang bis zum drittletzten Bankarbeitstag des Monats
	an 2800 Bank	
2	6300 Gehälter	in der Regel am Monatsende
	6320 sonstige tarifliche oder vertragliche Aufwendungen	
	6410 Arbeitgeberanteil zu Sozialversicherungen	
	an 2800 Bank	
	an 2640 SV-Beitragsvorauszahlung	
	an 4830 Verbindlichkeiten gegenüber Finanzbehörden	
	an 4860 Verbindlichkeiten aus VL	
3	4830 Verbindlichkeiten gegenüber Finanzbehörden	Steuern und Soli sind bis zum 10. des Folgemonats abzuführen
	an 2800 Bank	
4	4860 Verbindlichkeiten VL	vertragsabhängig, jedoch spätestens bis Jahresende
	an 2800 Bank	

zu 1.: Buchen der SV-Beitragsvorauszahlungen

Bis zum drittletzten Bankarbeitstag des Monats, in dem die Beschäftigung ausgeübt wird, müssen sämtliche Sozialversicherungsbeiträge (Arbeitgeber- und Arbeitnehmeranteile) dem Konto der Krankenkasse der Arbeitnehmenden gutgeschrieben worden sein.[1] Da die Gehälter i. d. R. erst zum Monatsende überwiesen werden, muss für die erwarteten Sozialversicherungsbeiträge eine Vorauszahlung geleistet werden. Gebucht wird deshalb auf dem aktiven Bestandskonto „SV-Beitragsvorauszahlung" (Forderungskonto) und dem Konto „Bank". Bei der Gehaltsbuchung am Monatsende wird der Betrag dann verrechnet. Dabei kann es, abhängig vom tatsächlichen Arbeitsaufkommen der Arbeitnehmer/-innen, das ja erst zu Monatsende endgültig bekannt ist, auch zu Erstattungsansprüchen oder Restzahlungen kommen, die im nachfolgenden Monat verrechnet werden.

zu 2.: Buchen der Gehälter

- **Aufwendungen im Soll:**
  - Gehälter (einschließlich Zulagen)
  - Vertraglich vereinbarter Arbeitgeberzuschuss zu vermögenswirksamen Leistungen (VL)
  - Arbeitgeberanteile zu den Sozialversicherungen (SV)
- **Gegenbuchungen im Haben:**
  - Überweisung der Auszahlungsbeträge an die Mitarbeitenden vom Bankkonto
  - Verrechnung der Vorauszahlung der Sozialversicherungsbeiträge
  - Einbehaltung der Steuern und Solidaritätszuschläge (werden erst später bezahlt)
  - Einbehaltung der VL (Arbeitgeber- und Arbeitnehmeranteile)

1 Als Bankarbeitstage gelten Montag bis Freitag, solange es sich nicht um Feiertage handelt.

Kompaktwissen

Entgeltformen (Lohnformen)

Zeitlohn

Die Entlohnung bemisst sich nach der Dauer der geleisteten Arbeitszeit.

Arbeiter/-innen erhalten einen Lohn (Monats-, Wochenoder Tageslohn), Angestellte erhalten ein monatliches Gehalt. Zeitlohn ist üblich, wenn die Bewertung der Arbeitsleistung nicht oder kaum möglich ist und/oder die Qualität der Arbeit im Vordergrund steht.

Akkordlohn

Die Entlohnung bemisst sich nach der erbrachten Leistung.

Man unterscheidet einerseits Stück- und Zeitakkord und andererseits Einzel- und Gruppenakkord. Akkordlöhne sind nur möglich, wenn bestimmte Voraussetzungen vorliegen (gleichartige, regelmäßig wiederkehrende Arbeitsabläufe, messbare Leistungsmenge usw).

Prämienlohn

Die Entlohnung setzt sich zusammen aus einem Zeitlohn und einer leistungsabhängigen Prämie.

Die Prämie wird als Einzelprämie oder als Gruppenprämie gewährt. Beispiele: Unfallverhütung, Termineinhaltung, Verringerung von Ausschuss oder Leerlaufzeiten. Der Zeitlohn kann hier auch als „Fixum“ und die Prämie als „Provision“ bezeichnet werden.

Beteiligungslohn

Die Mitarbeitenden werden am Erfolg oder am Kapital des Unternehmens beteiligt.

Bei der Erfolgsbeteiligung werden die Mitarbeitenden am Umsatz oder am Gewinn beteiligt. Bei der Kapitalbeteiligung werden sie am Eigenkapital des Unternehmens beteiligt (z. B. Belegschaftsaktien), die Mitarbeitenden werden dadurch zu Miteignern des Unternehmens.

Gesetzliche Abzüge vom Entgelt

Steuerliche Abzüge
- Lohnsteuer
- Kirchensteuer
- Solidaritätszuschlag

Sozialversicherungsbeiträge
- Krankenversicherung
- Pflegeversicherung
- Rentenversicherung
- Arbeitslosenversicherung

Prozess der Personalentgeltung

Erstellen der Entgeltabrechnungen
↓
Erfassen der Summen in der Entgeltliste
↓
Melden der Summen an Finanzamt und Krankenversicherung
↓
Überweisen aller Beträge
↓
Buchen aller Vorgänge

Vertiefungsaufgaben

1. Die Hansen Import GmbH beschäftigt nachfolgende Angestellte, die bei der Kölner Gesundheitskasse (KGK) (Zusatzbeitrag zum gesetzlichen KV-Beitrag: 1,5 %) versichert sind.

- **Christian Ahloffs,** 48, ist verheiratet und lebt mit seiner Familie am Stadtrand. Seine Frau, die sich ausschließlich der Erziehung ihrer beiden Kinder widmet, interessiert sich sehr für zeitgenössische Malerei. Ahloffs bekommt ein Grundgehalt in Höhe von 4.775,00 € und ist römisch-katholisch. Jeden Monat führt er 40,00 € als vermögenswirksame Leistung an seine Bausparkasse ab, obwohl der Arbeitgeber keinen Anteil übernimmt.
- **Maik Behrens** ist 28 Jahre alt und lebt allein in seiner Wohnung. Weil Maik sehr schüchtern ist, hatte er in seinem Leben weder eine Freundin noch eine Frau, dafür aber viele Freunde. Maik Behrens erhält ein Grundgehalt in Höhe von 3.120,00 €. Vor zwei Jahren ist er aus der Kirche ausgetreten, da ihm der rechte Glaube fehlte. Maik überweist monatlich 30,00 € vermögenswirksame Leistungen an seine Lebensversicherung, an denen sich sein Arbeitgeber mit 20,00 € beteiligt.
- **Anja Chikowski** verdient 2.625,00 € Grundgehalt. Frau Chikowski, 32 Jahre alt, ist verheiratet und lebt gemeinsam mit ihrem Mann und ihrem Kind in einer idyllischen Wohnung am Deich. Ihr Mann hat dieselbe Steuerklasse wie sie, der Kinderfreibetrag ist bei beiden je zur Hälfte eingetragen. Als überzeugte Christin geht sie jeden Sonntag in die evangelische Dorfkirche. Außerdem führt sie jeden Monat 35,00 € als vermögenswirksame Leistung an ihre Bausparkasse ab. Ihr Chef unterstützt ihre Vermögensbildung mit einem monatlichen Anteil in Höhe von 26,00 €.

Erstellen Sie für den Monat Juli die Entgeltabrechnungen und die Entgeltliste und nehmen Sie termingerecht alle Buchungen im Grundbuch vor. Die Lohsteuertabellenauszüge finden Sie auf der Folgeseite.

2. Ordnen Sie die Konten durch Ankreuzen sachgerecht zu:

Konto	aktives Bestands-konto	passives Bestands-konto	Aufwands-konto	Ertrags-konto
Bank				
Löhne bzw. Gehälter				
Verbindlichkeiten gegenüber Finanzbehörden				
SV-Beitragsvorauszahlungen				
Verbindlichkeiten aus VL				
Arbeitgeberanteil VL				

Lohnsteuertabelle (Auszüge)[1]

MONAT

Abzüge an Lohnsteuer, Solidaritätszuschlag (SolZ) und Kirchensteuer (8%, 9%) in den Steuerklassen

Lohn/ Gehalt bis €*	I – VI		ohne Kinderfreibeträge			I, II, III, IV		mit Zahl der Kinderfreibeträge . . . 0,5			1			1,5			2			2,5			3		
		LSt	SolZ	8%	9%		LSt	SolZ	8%	9%	SolZ	8%	9%	SolZ	8%	9%	SolZ	8%	9%	SolZ	8%	9%	SolZ	8%	9%
3 137,99	I,IV	377,16	—	30,17	33,94	I	377,16	—	21,73	24,44	—	13,81	15,53	—	6,40	7,20	—	0,57	0,64	—	—	—	—	—	—
	II	282,41	—	22,59	25,41	II	282,41	—	14,61	16,43	—	7,15	8,04	—	1,06	1,19	—	—	—	—	—	—	—	—	—
	III	112,—	—	8,96	10,08	III	112,—	—	3,21	3,61	—	—	—	—	—	—	—	—	—	—	—	—	—	—	—
	V	713,83	—	57,10	64,24	IV	377,16	—	25,88	29,12	—	21,73	24,44	—	17,70	19,91	—	13,81	15,53	—	10,04	11,30	—	6,40	7,20
	VI	756,16	—	60,49	68,05																				
3 140,99	I,IV	377,83	—	30,22	34,—	I	377,83	—	21,78	24,50	—	13,86	15,59	—	6,45	7,25	—	0,60	0,67	—	—	—	—	—	—
	II	283,08	—	22,64	25,47	II	283,08	—	14,66	16,49	—	7,20	8,10	—	1,09	1,22	—	—	—	—	—	—	—	—	—
	III	112,50	—	9,—	10,12	III	112,50	—	3,25	3,65	—	—	—	—	—	—	—	—	—	—	—	—	—	—	—
	V	714,83	—	57,18	64,33	IV	377,83	—	25,94	29,18	—	21,78	24,50	—	17,76	19,98	—	13,86	15,59	—	10,09	11,35	—	6,45	7,25
	VI	757,16	—	60,57	68,14																				
3 143,99	I,IV	378,58	—	30,28	34,07	I	378,58	—	21,84	24,57	—	13,91	15,65	—	6,50	7,31	—	0,63	0,71	—	—	—	—	—	—
	II	283,75	—	22,70	25,53	II	283,75	—	14,72	16,56	—	7,25	8,15	—	1,12	1,26	—	—	—	—	—	—	—	—	—
	III	113,—	—	9,04	10,17	III	113,—	—	3,28	3,69	—	—	—	—	—	—	—	—	—	—	—	—	—	—	—
	V	715,83	—	57,26	64,42	IV	378,58	—	26,—	29,25	—	21,84	24,57	—	17,81	20,03	—	13,91	15,65	—	10,14	11,40	—	6,50	7,31
	VI	758,16	—	60,65	68,23																				
3 146,99	I,IV	379,25	—	30,34	34,13	I	379,25	—	21,89	24,62	—	13,96	15,70	—	6,54	7,36	—	0,66	0,74	—	—	—	—	—	—
	II	284,41	—	22,75	25,59	II	284,41	—	14,76	16,61	—	7,30	8,21	—	1,15	1,29	—	—	—	—	—	—	—	—	—
	III	113,50	—	9,08	10,21	III	113,50	—	3,32	3,73	—	—	—	—	—	—	—	—	—	—	—	—	—	—	—
	V	717,—	—	57,36	64,53	IV	379,25	—	26,05	29,30	—	21,89	24,62	—	17,86	20,09	—	13,96	15,70	—	10,19	11,46	—	6,54	7,36
	VI	759,16	—	60,73	68,32																				
4 769,99	I,IV	804,83	—	64,38	72,43	I	804,83	—	54,12	60,88	—	44,36	49,91	—	35,12	39,51	—	26,40	29,70	—	18,18	20,45	—	10,49	11,80
	II	689,58	—	55,16	62,06	II	689,58	—	45,36	51,03	—	36,06	40,57	—	27,28	30,69	—	19,02	21,40	—	11,27	12,68	—	4,16	4,68
	III	441,83	—	35,34	39,76	III	441,83	—	27,56	31,—	—	20,02	22,52	—	12,74	14,33	—	6,26	7,04	—	1,10	1,24	—	—	—
	V	1 270,25	—	101,62	114,32	IV	804,83	—	59,18	66,58	—	54,12	60,88	—	49,17	55,31	—	44,36	49,91	—	39,68	44,64	—	35,12	39,51
	VI	1 313,58	—	105,08	118,22																				
4 772,99	I,IV	805,66	—	64,45	72,50	I	805,66	—	54,18	60,95	—	44,42	49,97	—	35,18	39,57	—	26,45	29,75	—	18,24	20,52	—	10,54	11,85
	II	690,41	—	55,23	62,13	II	690,41	—	45,42	51,09	—	36,12	40,64	—	27,34	30,75	—	19,07	21,45	—	11,32	12,73	—	4,20	4,72
	III	442,50	—	35,40	39,82	III	442,50	—	27,60	31,05	—	20,06	22,57	—	12,78	14,38	—	6,30	7,09	—	1,13	1,27	—	—	—
	V	1 271,33	—	101,70	114,41	IV	805,66	—	59,25	66,65	—	54,18	60,95	—	49,24	55,39	—	44,42	49,97	—	39,74	44,70	—	35,18	39,57
	VI	1 314,58	—	105,16	118,31																				
4 775,99	I,IV	806,50	—	64,52	72,58	I	806,50	—	54,24	61,02	—	44,48	50,04	—	35,24	39,64	—	26,50	29,81	—	18,29	20,57	—	10,59	11,91
	II	691,25	—	55,30	62,21	II	691,25	—	45,48	51,16	—	36,18	40,70	—	27,40	30,82	—	19,12	21,51	—	11,37	12,79	—	4,24	4,77
	III	443,16	—	35,45	39,88	III	443,16	—	27,65	31,10	—	20,12	22,63	—	12,84	14,44	—	6,34	7,13	—	1,16	1,30	—	—	—
	V	1 272,33	—	101,78	114,50	IV	806,50	—	59,32	66,73	—	54,24	61,02	—	49,30	55,46	—	44,48	50,04	—	39,80	44,77	—	35,24	39,64
	VI	1 315,58	—	105,24	118,40																				
4 778,99	I,IV	807,33	—	64,58	72,65	I	807,33	—	54,31	61,10	—	44,54	50,11	—	35,30	39,71	—	26,56	29,88	—	18,34	20,63	—	10,64	11,97
	II	692,—	—	55,36	62,28	II	692,—	—	45,54	51,23	—	36,24	40,77	—	27,45	30,88	—	19,18	21,57	—	11,42	12,84	—	4,28	4,81
	III	443,66	—	35,49	39,92	III	443,66	—	27,70	31,16	—	20,16	22,68	—	12,88	14,49	—	6,38	7,18	—	1,18	1,33	—	—	—
	V	1 273,33	—	101,86	114,59	IV	807,33	—	59,38	66,80	—	54,31	61,10	—	49,36	55,53	—	44,54	50,11	—	39,86	44,84	—	35,30	39,71
	VI	1 316,58	—	105,32	118,49																				
2 642,99	I,IV	263,50	—	21,08	23,71	I	263,50	—	13,20	14,85	—	5,84	6,57	—	0,22	0,24	—	—	—	—	—	—	—	—	—
	II	175,—	—	14,—	15,75	II	175,—	—	6,58	7,40	—	0,68	0,77	—	—	—	—	—	—	—	—	—	—	—	—
	III	34,50	—	2,76	0,10	III	34,50	—	—	—	—	—	—	—	—	—	—	—	—	—	—	—	—	—	—
	V	558,33	—	44,66	50,24	IV	263,50	—	17,08	19,21	—	13,20	14,85	—	9,45	10,63	—	5,84	6,57	—	2,70	3,04	—	0,22	0,24
	VI	596,83	—	47,74	53,71																				
2 645,99	I,IV	264,16	—	21,13	23,77	I	264,16	—	13,25	14,90	—	5,88	6,62	—	0,24	0,27	—	—	—	—	—	—	—	—	—
	II	175,66	—	14,05	15,80	II	175,66	—	6,62	7,45	—	0,71	0,80	—	—	—	—	—	—	—	—	—	—	—	—
	III	35,—	—	2,80	3,15	III	35,—	—	—	—	—	—	—	—	—	—	—	—	—	—	—	—	—	—	—
	V	559,33	—	44,74	50,33	IV	264,16	—	17,12	19,26	—	13,25	14,90	—	9,50	10,68	—	5,88	6,62	—	2,74	3,08	—	0,24	0,27
	VI	597,66	—	47,81	53,78																				
2 648,99	I,IV	264,83	—	21,18	23,83	I	264,83	—	13,30	14,96	—	5,93	6,67	—	0,28	0,31	—	—	—	—	—	—	—	—	—
	II	176,25	—	14,10	15,86	II	176,25	—	6,67	7,50	—	0,74	0,83	—	—	—	—	—	—	—	—	—	—	—	—
	III	35,50	—	2,84	3,19	III	35,50	—	—	—	—	—	—	—	—	—	—	—	—	—	—	—	—	—	—
	V	560,16	—	44,81	50,41	IV	264,83	—	17,18	19,32	—	13,30	14,96	—	9,55	10,74	—	5,93	6,67	—	2,78	3,12	—	0,28	0,31
	VI	598,66	—	47,89	53,87																				
2 651,99	I,IV	265,50	—	21,24	23,89	I	265,50	—	13,35	15,02	—	5,98	6,72	—	0,30	0,34	—	—	—	—	—	—	—	—	—
	II	176,91	—	14,15	15,92	II	176,91	—	6,72	7,56	—	0,77	0,86	—	—	—	—	—	—	—	—	—	—	—	—
	III	36,—	—	2,88	3,24	III	36,—	—	—	—	—	—	—	—	—	—	—	—	—	—	—	—	—	—	—
	V	561,16	—	44,89	50,50	IV	265,50	—	17,23	19,30	—	13,35	15,02	—	9,60	10,80	—	5,08	6,72	—	2,81	3,16	—	0,30	0,34
	VI	599,50	—	47,96	53,95																				

1 Quelle: Stollfuß Tabellen, Gesamtabzug 2023, Monat, Allgemeine Tabelle, 115. Aufl., Stollfuß Verlag, Bonn 2023, S. T 49, S. T 81, S. T 39

F Personaleinsatz

Praxisfall „Decker GmbH“

1 Unterscheiden flexibler Arbeitszeitmodelle

Bei der Decker GmbH wurden im Laufe der letzten Jahre immer mehr flexible Arbeitszeitmodelle eingeführt. Grund dafür waren sowohl betriebliche Erfordernisse als auch persönliche Wünsche der Belegschaft.

ARBEITSAUFTRAG

Ordnen Sie mithilfe des nachfolgenden Infotextes das betreffende flexible Arbeitszeitmodell zu.

Fall	flexibles Arbeitszeitmodell
1 Die Maschinen der Decker GmbH laufen 24 Stunden am Tag, dabei müssen stets drei Maschinisten vor Ort sein.	
2 Frau Seiler möchte, statt zu arbeiten, im nächsten Jahr lieber einmal um die Welt reisen, ohne jedoch bei der Decker GmbH zu kündigen.	
3 Herr Krause erfährt jeden Mittwochnachmittag, wie viele Stunden er in der Folgewoche arbeiten soll.	
4 Herr Braun aus dem Einkauf schläft gern etwas länger, obwohl er Vollzeit arbeitet. Es macht ihm aber nichts aus, abends länger zu arbeiten.	
5 Frau Löwe möchte nur noch 30 Stunden die Woche arbeiten, da sie alleinerziehend ist und mehr Zeit mit ihrer Tochter verbringen möchte.	
6 Die Monteure der Decker GmbH arbeiten im Sommer mehr als im Winter und gleichen ihre Stunden über ein Arbeitszeitkonto aus.	
7 Wegen eines extremen Nachfragerückgangs muss die Decker GmbH die Arbeitsstunden des gesamten Personals monatelang drastisch senken.	
8 Frau Schreiber und Herr Siebertz teilen sich den Arbeitsplatz „Sachbearbeitung Einkauf“ und stimmen sich selbstständig miteinander ab.	
9 Frau Hübner kann schwierige Fälle am effektivsten früh am Morgen bearbeiten, bevor ihre Kolleginnen und Kollegen ins Büro kommen.	
10 Herr Winkler (58) aus dem Rechnungswesen möchte die letzten Jahre seines Erwerbslebens nur noch die halbe Stundenzahl arbeiten.	
11 Frau Walter aus dem Marketing koordiniert die Social-Media-Kampagnen der Decker GmbH von Spanien aus.	
12 Herr Salewski ist bereit, in der Folgewoche nach Dienstschluss bei der Bearbeitung von Zusatzaufträgen auszuhelfen.	
13 Frau Freese aus dem Controlling arbeitet mit ihrem Laptop von zu Hause aus, da sie eine stabile Internetverbindung hat.	
14 Der Geschäftsführer ordnet an, dass der Innendienst des Vertriebs von 09:00 bis 16:00 Uhr für Kunden der Decker GmbH erreichbar ist.	
15 Frau Tramm hätte gerne einen Tag die Woche frei, um mehr Zeit für sich und ihre Hobbies zu haben.	
16 Die Decker GmbH nimmt keine Arbeitszeiterfassung ihrer leitenden Angestellten vor, welche für die Erreichung ihrer Ziele verantwortlich sind.	

Infotext: Flexible Arbeitszeitmodelle

Flexible Arbeitszeiten sind definiert als Arbeitszeiten, deren Dauer und/oder Lage von der betrieblichen Normalarbeitszeit abweicht. Die Abweichung kann tägliche, wöchentliche, monatliche, jährliche und auch die Lebensarbeitszeit betreffen. Wichtige Antriebskräfte flexibler Arbeitszeitmodelle sind die Digitalisierung, die Globalisierung sowie ein Wertewandel aufseiten der Beschäftigten. Bei der Planung flexibler Arbeitszeiten sind arbeitsrechtliche Vorgaben zu berücksichtigen (z. B. das Arbeitszeit-, das Betriebsverfassungs- und das Bundesurlaubsgesetz). Für die Planung flexibler Arbeitszeitmodelle wird gewöhnlich ein individuelles Arbeitszeitkonto eingerichtet, auf dem Plus- und Minusstunden gegenüber der betriebsüblichen Normalzeit erfasst werden. Es gibt eine Vielzahl flexibler Arbeitszeitmodelle, die teilweise auch miteinander kombinierbar sind:

Mehrarbeit

Mehrarbeit („Überstunden“) leisten Beschäftigte über die gesetzlich oder tariflich oder vertraglich vereinbarte Arbeitszeit hinaus. Mehrarbeit kann freiwillig geleistet oder auch durch Arbeits- oder Tarifverträge geregelt werden. Geleistete Überstunden werden zusätzlich entgolten.

Schichtarbeit

Bei der Schichtarbeit, die als ältestes flexibles Arbeitszeitmodell gilt, übernehmen mehrere Arbeitnehmende nacheinander einen Arbeitsplatz (z. B. in der Produktion). Dazu wird die betriebliche Arbeitszeit in mehrere Zeitabschnitte, sogenannte „Schichten“ unterteilt. Mindestens zwei Mitarbeitende, die dieselbe Aufgabe erfüllen, lösen sich regelmäßig nacheinander gemäß einem festen Schichtplan ab. Verbreitet sind der Zweischichtbetrieb (Früh- und Spätschicht) und der Dreischichtbetrieb (Früh-, Spät- und Nachtschicht). Eine Schichtzulage kann vereinbart werden. Dabei sind die Dauer- und die Wechselschicht zu unterscheiden: Bei der Dauerschicht arbeiten die Beschäftigten dauerhaft in derselben Schicht, bei der Wechselschicht wechseln sie die Schichten (z. B. 5 Tage Frühschicht, 5 Tage Spätschicht, 5 Tage Nachtschicht).

Gleitzeit

Bei der Arbeit in Gleitzeit müssen die Beschäftigte zwar eine vereinbarte Stundenzahl leisten, können aber innerhalb festgelegter Grenzen (Rahmenarbeitszeit) über Beginn und Ende der individuellen täglichen Arbeitszeit selbst entscheiden. Bei der *einfachen Gleitzeit* müssen Arbeitnehmende innerhalb einer vom Arbeitgeber festgelegten Kernarbeitszeit an ihren Arbeitsplätzen im Unternehmen anwesend sein (z. B. Rahmenarbeitszeit: 06:00 bis 19:00 Uhr, Kernarbeitszeit: 09:00 bis 15:00 Uhr). Bei der *qualifizierten Gleitzeit* sind die Beschäftigten an keine Kernarbeitszeit gebunden. Der Arbeitgeber erfasst für alle Beschäftigten die geleisteten Arbeitsstunden auf einem Gleitzeitkonto, welches die Plus- oder Minusstunden ausweist.

Funktionszeit

Die Funktionszeit ist eine Variante der Gleitzeit, bei der eine Abteilung, ein Team oder ein Betriebsbereich innerhalb eines bestimmten Zeitraums funktionsfähig sein muss (z. B. der Kundenservice muss von 08:00 bis 16:00 Uhr funktionsfähig sein). Funktionsfähig bedeutet, die betriebliche Einheit ist erreichbar und personell ausreichend besetzt. Die Funktionsfähigkeit bezieht sich auf ein Team, welches sich hinsichtlich Lage und Verteilung der Arbeitszeit selbstständig und eigenverantwortlich abstimmen kann.

Teilzeitarbeit

Teilzeitarbeit liegt vor, wenn die regelmäßige Wochenarbeitszeit kürzer ist als die der vergleichbaren vollbeschäftigten Arbeitnehmenden. Rechtsgrundlage ist das Gesetz über Teilzeit und befristete Arbeitsverträge (TzBfG). Teilzeitarbeit kann unterschiedlich ausgestaltet werden (z. B. freier Tag oder Halbtagsarbeit). Das Arbeitsentgelt wird gewöhnlich entsprechend der nicht geleisteten Stunden reduziert, neuere Teilzeitmodelle reduzieren das Arbeitsvolumen in bestimmten Grenzen sogar bei vollem Lohnausgleich.

Arbeit auf Abruf

Diese Sonderform der Teilzeitarbeit wird auch als „kapazitätsorientierte variable Arbeitszeit (KAPOVAZ)“ bezeichnet und findet gewöhnlich Anwendung bei Teilzeitkräften mit einer geringen Anzahl vereinbarter Arbeitsstunden. Dabei können Arbeitgeber und Arbeitnehmende im Arbeitsvertrag vereinbaren, dass die

Arbeitsleistung entsprechend dem Arbeitsanfall zu erledigen ist (z. B. 50. KW: 18 Stunden, 51. KW: 22 Stunden). Wenn die Dauer der Arbeitszeit nicht festgelegt ist, gilt eine Arbeitszeit von 20 Stunden als vereinbart. Grundlage ist das Gesetz über Teilzeit und befristete Arbeitsverträge, welches den Arbeitgeber verpflichtet, Lage und Dauer der Arbeitszeit den Arbeitnehmenden mindestens vier Tage im Voraus mitzuteilen.

Jobsharing

Auch das Jobsharing ist eine Sonderform der Teilzeitarbeit: Hier teilen sich mindestens zwei Beschäftigte einen Arbeitsplatz und das zugehörige Entgelt. Sie können sich gewöhnlich selbstständig untereinander abstimmen. Varianten: *Job-Splitting* (separate Arbeitsverträge und zeitliche Aufteilung identischer Aufgaben) und *Job-Pairing* (gemeinsamer Arbeitsvertrag und Arbeitsaufteilung nach Aufgabenbereichen).

Vertrauensarbeitszeit

Der Arbeitgeber vertraut darauf, dass die Beschäftigten ihrer Tätigkeit verantwortungsbewusst nachkommen und ihre Arbeitszeit selbstständig planen. Grundgedanke ist die Fokussierung auf das fristgerechte Vorlegen von Ergebnissen und nicht die Einhaltung bestimmter Arbeitszeiten. Dieses Modell eignet sich bei Tätigkeiten, die selbstständig erledigt werden können (z. B. im Außendienst).

Telearbeit

Telearbeitszeit ist eine Kombination aus flexibler Arbeitszeit und flexiblem Arbeitsort. Die Arbeitnehmenden verbringen einen Teil der Arbeitszeit oder sogar die gesamte Arbeitszeit zu Hause (im „Homeoffice“) oder auf (Geschäfts-)Reisen („mobile Telearbeit“), wo sie über digitale Kommunikationstechnologien mit dem Betrieb verbunden sind. Voraussetzung sind die Vereinbarkeit der Arbeit mit einer räumlichen Abstinenz der Arbeitnehmenden und eine stabile Internetverbindung.

Kurzarbeit

Wenn aufgrund wirtschaftlicher Gründe („schlechte Konjunkturlage“) oder aufgrund eines unabwendbaren Ereignisses (z. B. Naturkatastrophen) weniger Arbeit nachgefragt wird, kann der Arbeitgeber für den ganzen Betrieb oder bestimmte Betriebsbereiche vorübergehend die regelmäßige Arbeitszeit für die Beschäftigten herabsetzen. Dadurch sollen vor allem Kündigungen vermieden werden. Bei Kurzarbeit wird das Arbeitsentgelt zwar entsprechend vermindert, jedoch zahlt die Agentur für Arbeit den Arbeitnehmenden ein sogenanntes Kurzarbeitergeld, sofern bestimmte Voraussetzungen vorliegen.

Jahresarbeitszeit

Arbeitgeber und Beschäftigte vereinbaren die im Laufe eines Jahres zu erbringende Arbeitszeit. Diese kann im Verlaufe des Jahres schwanken, dabei wird das Arbeitsentgelt monatlich gleichmäßig ausgezahlt. Gründe für diese Schwankungen können saisonale Auftragsschwankungen oder der Wunsch nach individuellen Auszeiten der Arbeitnehmenden sein. Auf einem Arbeitszeitkonto (Zeitwertkonto) werden die Plus- und Minusstunden erfasst, welche bis zu einem bestimmten Zeitpunkt wieder auszugleichen sind.

Sabbatical

Der/Die Beschäftigte beantragt eine unbezahlte Auszeit (gewöhnlich drei bis zwölf Monate), nach der er/sie wieder zu den bestehenden Vertragsbedingungen im Unternehmen weiterarbeitet. Arbeitgeber und Arbeitnehmende können die Konditionen frei vereinbaren. Häufig erhält der/die Beschäftigte über einen längeren Zeitraum ein reduziertes Entgelt, welches dann auch im Zeitraum des Sabbaticals weitergezahlt wird.

Altersteilzeit

Altersteilzeit ist eine Sonderform der Teilzeit für Beschäftigte über 55 Jahren zur Halbierung der Arbeitszeit bis zur Rente. Dabei wird das Entgelt um deutlich weniger als die Hälfte reduziert. Man unterscheidet das Gleichverteilungs- und das Blockmodell: Beim *Gleichverteilungsmodell* wird die Arbeitszeit über die gesamte Dauer der Altersteilzeit auf die Hälfte reduziert. Beim *Blockmodell* wird der Altersteilzeitraum in eine Arbeitsphase und eine Freistellungsphase zerlegt.

2 Bearbeiten von Fällen zur Teilzeitarbeit

Bei der Decker GmbH beträgt die normale wöchentliche Arbeitszeit gemäß Tarifvertrag 38,5 Stunden (siehe Kapitel D). Einige Mitarbeiterinnen und Mitarbeiter interessieren sich für eine Teilzeitstelle.

ARBEITSAUFTRÄGE

Lösen Sie die Fälle mithilfe des nachfolgenden Gesetzesauszugs und begründen Sie Ihre Meinung.

Fall 1:

Frau Gerber und Herr Breisig sind unterschiedlicher Meinung darüber, ob das Teilzeit- und Befristungsgesetz (TzBfG) für die Beschäftigten der Decker GmbH überhaupt gilt. Frau Gerber ist der Meinung, das gelte nur für Großkonzerne, Herr Breisig glaubt das nicht. Wie ist die Rechtslage?

Fall 2:

Frau Krull (32, ledig) ist seit drei Jahren und Herr Frese (43, verheiratet) seit fünf Monaten bei der Decker GmbH beschäftigt. Beide würden gerne Teilzeit arbeiten. Haben Sie einen Anspruch?

Fall 3:

Frau Zierbeck (29, ledig) ist seit 5 Jahren bei der Decker GmbH beschäftigt. Am 17. September teilt sie ihrem Vorgesetzten telefonisch mit, dass sie ab 1. Dezember des Jahres auf 30 Stunden reduzieren möchte. Erfüllt sie die formalen Voraussetzungen?

Fall 4:

Herr Sonnenberg aus dem Einkauf (29, ledig, seit acht Monaten bei der Decker GmbH in Vollzeit beschäftigt) teilt seiner Vorgesetzten am 1. Mai per E-Mail mit, dass er ab 1. September nur noch 30 Stunden arbeiten will. Die Personalabteilung lehnt den Wunsch ab mit der Begründung, dass Sonnenberg erst einmal Erfahrungen auf einer Vollzeitstelle sammeln müsse. Ist die Ablehnung rechtmäßig?

Fall 5:

Herr Dudek hatte mehrere Jahre eine Vollzeitstelle in der IT-Abteilung, zuletzt hatte er ein Monatsentgelt in Höhe von 5.400,00 €. Seit wenigen Monaten arbeitet er aus familiären Gründen nur noch 30 Stunden pro Woche und erhält ein monatliches Entgelt in Höhe von 4.050,00 €. Dudek meint, das sei zu wenig. Hat er recht?

Auszug: Gesetz über Teilzeitarbeit und befristete Arbeitsverträge

(Teilzeit- und Befristungsgesetz TzBfG)

§

§ 1 Zielsetzung

Ziel dieses Gesetzes ist, Teilzeitarbeit zu fördern, die Voraussetzungen für die Zulässigkeit befristeter Arbeitsverträge festzulegen und die Diskriminierung von teilzeitbeschäftigten und befristet beschäftigten Arbeitnehmern zu verhindern.

§ 2 Begriff des teilzeitbeschäftigten Arbeitnehmers

(1) Teilzeitbeschäftigt ist ein Arbeitnehmer, dessen regelmäßige Wochenarbeitszeit kürzer ist als die eines vergleichbaren vollzeitbeschäftigten Arbeitnehmers. [...]

(2) Teilzeitbeschäftigt ist auch ein Arbeitnehmer, der eine geringfügige Beschäftigung nach § 8 Abs. 1 Nr. 1 des Vierten Buches Sozialgesetzbuch ausübt.[1]

§ 4 Verbot der Diskriminierung

(1) Ein teilzeitbeschäftigter Arbeitnehmer darf wegen der Teilzeitarbeit nicht schlechter behandelt werden als ein vergleichbarer vollzeitbeschäftigter Arbeitnehmer, es sei denn, dass sachliche Gründe eine unterschiedliche Behandlung rechtfertigen. Einem teilzeitbeschäftigten Arbeitnehmer ist Arbeitsentgelt oder eine andere teilbare geldwerte Leistung mindestens in dem Umfang zu gewähren, der dem Anteil seiner Arbeitszeit an der Arbeitszeit eines vergleichbaren vollzeitbeschäftigten Arbeitnehmers entspricht.

[...]

§ 5 Benachteiligungsverbot

Der Arbeitgeber darf einen Arbeitnehmer nicht wegen der Inanspruchnahme von Rechten nach diesem Gesetz benachteiligen.

§ 6 Förderung von Teilzeitarbeit

Der Arbeitgeber hat den Arbeitnehmern, auch in leitenden Positionen, Teilzeit nach Maßgabe dieses Gesetzes zu ermöglichen.

[...]

§ 8 Zeitlich nicht begrenzte Verringerung der Arbeitszeit

(1) Ein Arbeitnehmer, dessen Arbeitsverhältnis länger als sechs Monate bestanden hat, kann verlangen, dass seine tägliche Arbeitszeit verringert wird.

(2) Der Arbeitnehmer muss die Verringerung seiner Arbeitszeit und den Umfang der Verringerung spätestens drei Monate vor deren Beginn in Textform[2] geltend machen. Er soll dabei die gewünschte Verteilung der Arbeitszeit angeben.

[...]

(4) Der Arbeitgeber hat der Verringerung der Arbeitszeit zuzustimmen und ihre Verteilung entsprechend den Wünschen des Arbeitnehmers festzulegen, soweit betriebliche Gründe nicht entgegenstehen. Ein betrieblicher Grund liegt insbesondere vor, wenn die Verringerung der Arbeitszeit die Organisation, den Arbeitsablauf oder die Sicherheit im Betrieb wesentlich beeinträchtigt oder unverhältnismäßige Kosten verursacht. [...]

(7) Für den Anspruch auf Verringerung der Arbeitszeit gilt die Voraussetzung, dass der Arbeitgeber, unabhängig von der Anzahl der Personen in Berufsbildung, in der Regel mehr als 15 Arbeitnehmer beschäftigt.

[...]

§ 9 Verlängerung der Arbeitszeit

Der Arbeitgeber hat einen teilzeitbeschäftigten Arbeitnehmer, der ihm in Textform den Wunsch nach einer Verlängerung seiner vertraglich vereinbarten Arbeitszeit angezeigt hat, bei der Besetzung eines Arbeitsplatzes bevorzugt zu berücksichtigen, es sei denn, dass

1. es sich dabei nicht um einen entsprechenden freien Arbeitsplatz handelt oder
2. der teilzeitbeschäftigte Arbeitnehmer nicht mindestens gleich geeignet ist wie ein anderer vom Arbeitgeber bevorzugter Bewerber oder
3. Arbeitszeitwünsche anderer teilzeitbeschäftigter Arbeitnehmer oder
4. dringende betriebliche Gründe entgegenstehen.

Ein freier zu besetzender Arbeitsplatz liegt vor, wenn der Arbeitgeber die Organisationsentscheidung getroffen hat, diesen zu schaffen oder einen unbesetzten Arbeitsplatz neu zu besetzen.

1 Diese sind bekannt unter der Bezeichnung „Minijob" und „450-Euro-Job".

2 Ist durch Gesetz die Textform vorgeschrieben, so muss gemäß § 126b BGB eine lesbare Erklärung, in der die Person des Erklärenden genannt ist, auf einem dauerhaften Datenträger (z. B. Papierbrief, Textdatei auf USB-Stick, E-Mail) abgegeben werden.

3 Diskutieren der Vor- und Nachteile des Homeoffice

In der Personalabteilung der Decker GmbH wird lebhaft darüber diskutiert, ob und in welchem Maße das Unternehmen das flexible Arbeitszeitmodell „Homeoffice“ einführen sollte.

ARBEITSAUFTRAG

Diskutieren Sie die Vor- und Nachteile der Einführung des Homeoffice aus der Perspektive des Arbeitgebers (Decker GmbH) und aus der Perspektive der Beschäftigten und leiten Sie ein begründetes Fazit ab.

Vor- und Nachteile des Homeoffice	
Pro	**Kontra**
für Arbeitgeber/-innen	
für Arbeitnehmer/-innen	
Fazit	

4 Präsentieren und Analysieren der Arbeitswelt 4.0

Obwohl immer mehr Industrieunternehmen auf Arbeit 4.0 umstellen, wurde bei der Decker GmbH in der Vergangenheit noch nicht ernsthaft darüber nachgedacht. Herr Pinkawa, Leiter der Personalabteilung, plant deshalb am Montag, den 01. Juni 20.., die Durchführung eines Workshops mit den Leiter/-innen aller Abteilungen der Decker GmbH zum Thema „Arbeit 4.0“. Ziel des Workshops ist es, eine konkrete Vorstellung von Arbeit 4.0 zu entwickeln und die damit verbundenen Chancen und Risiken mehrperspektivisch zu analysieren.

ARBEITSAUFTRÄGE

Bearbeiten Sie die Arbeitsaufträge mithilfe des nachfolgenden Infotextes.

1. Der Workshop soll mit einer Einstiegspräsentation beginnen. Diese soll den Inhalt des nachfolgenden Infotextes anschaulich (konkret, bildhaft, lebendig) visualisieren und in eigenen Worten vorgetragen werden. Ein Film ist an dieser Stelle nicht vorgesehen. Das Publikum soll ein strukturiertes Handout (Tischvorlage) erhalten.

a) Erstellen Sie mithilfe einer Präsentationssoftware die Präsentationsfolien.

b) Fassen Sie in einem Handout (Tischvorlage) für das Publikum die Hauptaussagen des Infotextes in strukturierten Stichworten übersichtlich zusammen. Nutzen Sie dazu das Formular auf der Folgeseite.

c) Führen Sie die Präsentation durch.

2. Analysieren Sie die Chancen und Risiken, die mit der Arbeit 4.0 für die Decker GmbH verbunden wären.

Chancen- und Risiken-Analyse	
Chancen	**Risiken**

3. Leiten Sie konkrete Maßnahmen zur Vorbereitung auf Arbeit 4.0 bei der Decker GmbH ab.

Handout	
Name:	
Anlass (mit Datum):	
Zielgruppe:	
Thema:	

Infotext: Arbeitswelt 4.0

„Alles, was digitalisiert werden kann, wird digitalisiert."
Carly Fiorina (ehemalige CEO von Hewlett Packard)[1]

Grundlagen und Einordnung

Der Begriff „Arbeit 4.0" ist an den Begriff „Industrie 4.0" angelehnt und wird vom Fraunhofer-Institut folgendermaßen definiert: „Arbeit 4.0 beschreibt den Wandel der Arbeitswelt, der mit der digitalen Transformation verbunden ist. Durch den Einzug neuer Technologien wird Arbeit vernetzter, digitaler und flexibler. Aufgabenprofile, Arbeitsabläufe und Berufsbilder ändern sich oder entstehen gänzlich neu."[2] In diesem Zusammenhang ist vielfach auch von „New Work" die Rede. Doch während Arbeit 4.0 Lösungen zur Bewältigung der digitalen Transformation für die Unternehmen liefert, bezieht sich New Work auf sinnstiftende Tätigkeiten und damit verbundene Erwartungen der Arbeitnehmerinnen und Arbeitnehmer.[3] Als zentrale Werte von New Work gelten Selbständigkeit, Handlungsfreiheit und Teilhabe an der Gemeinschaft.

Antriebskräfte von Arbeit 4.0

Als wichtigste Antriebskraft von Arbeit 4.0 gilt das Konzept der Industrie 4.0, die vierte Stufe der industriellen Revolution. Industrie 4.0 steht für die intelligente Vernetzung von Maschinen und Abläufen in der Industrie mithilfe moderner Informations- und Kommunikationstechnologien. Zentrale Bausteine von Industrie 4.0 sind:

- **Internet der Dinge (Internet of Things):** Netzwerk physischer Objekte (Dinge), welche mithilfe von Sensoren und Software relevante Informationen erhalten, verarbeiten und über das Internet mit anderen Objekten selbstständig Daten austauschen (cyber-physische Systeme). Auf diese Weise können intelligente Anlagen, Behälter, Materialien, Produkte und Maschinen miteinander kommunizieren. Beispielsweise kann in einer intelligenten Fabrik („Smart Factory") ein Werkstück selbstständig die Maschine finden, die es bearbeiten soll.
- **Robotik und Sensorik:** Roboter sind Maschinen, die selbstständig bestimmte Aufgaben erfüllen (z. B. Lackieren einer Karosserie). Kollaborierende Roboter (Cobots) sind mithilfe von Sensoren in der Lage, Hand in Hand mit Menschen zusammenzuarbeiten, ohne von diesen durch Schutzvorrichtungen abgetrennt zu sein.
- **Big Data:** Gigantische Mengen oftmals unstrukturierter Daten unterschiedlicher Art (Texte, Bilder, Videos, Messergebnisse usw.), welche mithilfe von Mobiltelefonen, Computern, Kameras und anderen Geräten (z. B. Stromzählern, Heizungen, Kraftfahrzeugen) erfasst werden.
- **Künstliche Intelligenz (KI):** Diese steht für die Fähigkeit von Software, selbstständig zu lernen. Man unterscheidet schwache Intelligenz (z. B. selbstlernende Algorithmen in Suchmaschinen) und starke Intelligenz, die der menschlichen Intelligenz sehr nahekommt.

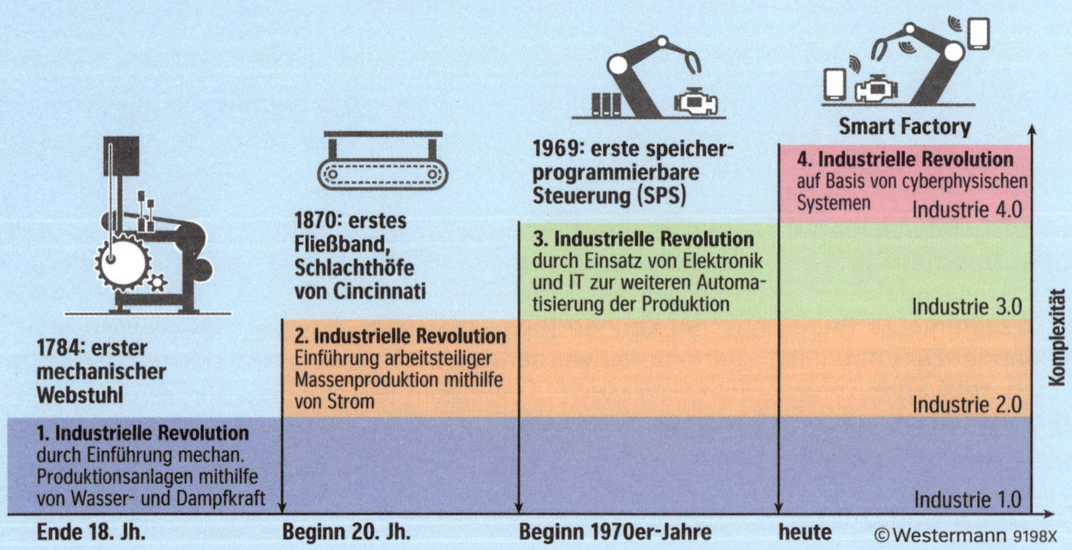

1 Fiorina, Carly, in: Aspekte des Managements der Digitalisierung, herausgegeben von Matthias Graumann, Achim Burkhardt, Thomas Wenger, Wiesbaden: Springer Fachmedien Wiesbaden, Imprint: Springer Gabler, 2022, S. 35.

2 Fraunhofer-Institut für Entwurfstechnik Mechatronik: Arbeit 4.0. Lösungen im Zusammenspiel aus Mensch, Organisation und Technik, https://www.iem.fraunhofer.de/de/schwerpunktthemen/arbeit-4-0.html, 18.1.2023

3 vgl. ebd.

Weitere Antriebskräfte der Arbeit 4.0 sind die Globalisierung (Prozess des Zusammenwachsens der Welt und damit verbundene Verflechtungen in allen gesellschaftlichen Bereichen), der demografische Wandel, der mit einem zunehmenden Fachkräftemangel verbunden ist, sowie der Wertewandel der Arbeitnehmerinnen und Arbeitnehmer im Sinne von New Work.

Veränderungen der Arbeitsinhalte

Durch die digitale Transformation werden nicht nur Arbeitsplätze für gering qualifizierte Tätigkeiten entfallen, sondern auch höherqualifizierte Aufgaben mit hohem Routineanteil wie Buchungsvorgänge in der Buchhaltung oder wiederkehrende Aufgaben in Beschaffungs- und Absatzprozessen. Jedoch wird die Gesamtmenge an Arbeit nach Einschätzung des Bundesministeriums für Arbeit und Soziales nicht ab-, sondern eher zunehmen. Dabei wird sich die menschliche Arbeit in Richtung der Tätigkeiten verlagern, die nicht oder nur mit unverhältnismäßigem Aufwand automatisierbar sind. Diese Tätigkeiten werden oftmals digitaler Natur sein. Beispiele:

- Entwicklung neuartiger Soft- oder Hardware sowie komplexer IT-Systeme
- Konzeption und Durchführung von IT-Schulungen für das betriebliche Personal
- Kreative Tätigkeiten (z. B. die 3D-Konstruktion eines Schiffsmotors)
- Formulieren von Konzepten für IT-Sicherheit und Datenschutz
- Planung der Suchkriterien für das Aufspüren relevanter Daten aus Big Data („Data Mining“)

In Projekten und anderen Formen der Teamarbeit gewinnen überfachliche Qualifikationen („Soft Skills“) immer mehr an Bedeutung. Dabei handelt es sich um Managementkompetenzen wie Kreativitätstechniken, Zeitmanagement, Team- und Konfliktmanagement, klassisches und agiles Projektmanagement, Konfliktmanagement und auch Selbstmanagement. Die Dynamik technischer und wirtschaftlicher Entwicklungen ist für die Beschäftigten außerdem mit lebenslangem Lernen verbunden.

Veränderungen am Arbeitsplatz

Das Büro der Zukunft muss zukünftige Anforderungen erfüllen, die sowohl arbeitgeber- als auch arbeitnehmerseitig bestehen. Arbeitgeber haben ein Interesse an hoher Flexibilität zu minimalen Kosten und verlangen entsprechend moderne Bürokonzepte. Diese sehen mobile und universal ausgestattete Arbeitsplätze vor, welche an unterschiedlichen Tagen von unterschiedlichen Mitarbeiter-/innen an unterschiedlichen Orten genutzt werden können. Dazu gehören auch mobile Trennwände, welche optische, akustische und mediale Anforderungen unterschiedlicher Teams und Projektgruppen erfüllen und an alle Teamgrößen angepasst werden können. Darüber hinaus wird von modernen Bürokonzepten erwartet, dass sie Räume für kreative und kommunikative Zusammenarbeit im Team ebenso anbieten wie Rückzugsräume für individuelles Arbeiten. Schließlich sollen sich die Mitarbeiterinnen und Mitarbeiter im Büro auch noch wohlfühlen.

Daneben gewinnt ortsunabhängiges bzw. mobiles Arbeiten („Remote Work“) zunehmend an Bedeutung: Mobiles Arbeiten ist für die Beschäftigten immer dann möglich, wenn die Arbeit mithilfe digitaler Endgeräte und des Internets außerhalb des Unternehmens erledigt werden kann, etwa im Homeoffice, in einem Co-Working-Space (anmietbare Gemeinschaftsbüros überall auf der Welt) oder auch auf (Dienst-)Reisen.

Schließlich ändern sich auch die Arbeitsplätze in der Produktion, da immer mehr produktive Tätigkeiten automatisiert werden. Das führt in den meisten Fällen zu einer Verlagerung manueller Tätigkeiten direkt an der Maschine hin zu steuernden und kontrollierenden Tätigkeiten an Computerarbeitsplätzen. Dabei gewinnen digitale Assistenzsysteme an Bedeutung: So können (Fern-)Wartungs- und Reparaturarbeiten an Maschinen heute mithilfe digitaler Datenbrillen vorgenommen werden. Wirft der Handwerker einen Blick in die Maschine, werden zeitgleich relevante Informationen in seine Datenbrille eingespielt. Diese Technologie wird als „Augmented Reality“ (AR) bezeichnet, weil die Realität um relevante Informationen *erweitert* wird (im Gegensatz zur „Virtual Reality“ (VR), bei der die Realität vollständig simuliert wird).

Veränderungen der Arbeitszeiten

Der Abbau von Routinearbeiten im Zuge der Umstellung auf Arbeit 4.0 und die damit verbundenen Freiheiten erlauben vielen Unternehmen den Ausbau flexibler Arbeitszeitmodelle (siehe Seite 81 f.). Bei der Koordinierung internationaler Teams ist zu bedenken, dass diese oftmals in unterschiedlichen Zeitzonen arbeiten (z. B. Zusammenarbeit der IT-Abteilung in Köln einem Programmiererteam in Neu-Delhi).

Kompaktwissen

Definition „Personaleinsatz“

Personaleinsatz ist die Zuordnung der im Unternehmen vorhandenen Mitarbeiterinnen und Mitarbeiter zu den im Unternehmen den verfügbaren Arbeitsplätzen in quantitativer und qualitativer Hinsicht.

Im **engeren Sinne** versteht man unter Personaleinsatz die kurzfristige Personaleinsatzplanung im Sinne eines tabellarischen Dienst- oder Schichtplans (siehe Abbildung), in dem die einzelnen Mitarbeiter/-innen in der Folgeperiode (z. B. Woche, Monat) den bestimmten Arbeitsplätzen zugeordnet werden.

Im **weiteren Sinne** versteht man unter Personaleinsatz die Beantwortung mittel- bis langfristiger Fragen der Gestaltung der Arbeitszeit, des Arbeitsplatzes sowie des Arbeitsinhalts.

Personaleinsatz im engeren Sinne

Personaleinsatzplan Produktion (15. KW)

Schicht		Montag	Dienstag	Mittwoch	Donnerstag	Freitag
Frühschicht (06:00 bis 14:00)	Bereich 1	Russ	Russ	Russ	Müller	Müller
	Bereich 2	Liebenthron	Liebenthron	Thielking	Thielking	Thielking
Spätschicht (14:00 bis 22:00)	Bereich 1	Walter	Walter	Walter	Walter	Walter
	Bereich 2	Schiebel	Schiebel	Beiderwieden	Schiebel	Schiebel
Nachtschicht (22:00 bis 06:00)	Bereich 1	Barg	Barg	Barg	Barg	Barg
	Bereich 2	Kuhlmann	Kuhlmann	Kuhlmann	Kuhlmann	Liebenthron
Urlaub		Müller, Beiderwieden	Müller, Beiderwieden	Müller	Russ, Beiderwieden	Russ, Beiderwieden
Frei				Schiebel, Liebenthron	Liebenthron	Kuhlmann
Krank		Thielking	Thielking			

Personaleinsatz im weiteren Sinne

Gestaltung der Arbeitszeit

- Beachtung rechtlicher Vorgaben (Arbeitszeitgesetz, Betriebsverfassungsgesetz, Bundesurlaubsgesetz)
- Einführung flexibler Arbeitszeiten

Gestaltung des Arbeitsplatzes

- Arbeitsplatz im Unternehmen (Beachtung ergonomischer, psychologischer und sicherheitstechnischer Aspekte)
- Arbeitsplatz außerhalb des Unternehmens (Homeoffice, Auslandseinsatz usw.)

Gestaltung des Arbeitsinhalts

- Arbeitsteilung (Zuschnitt der Stellen)
- Aufgabenerweiterung (Jobrotation, Jobenlargement, siehe Seite 96 f.)
- Aufgabenbereicherung (Jobenrichment, Teilautonome Arbeitsgruppen, siehe Seite 97)
- Neuorganisation der Arbeitsinhalte im Zuge der digitalen Transformation (Arbeit 4.0)

Vertiefungsaufgaben

1. Erläutern Sie, inwiefern Arbeitsgesetze bei der Einführung flexibler Arbeitszeitmodelle zu beachten sind. Recherchieren Sie dazu beispielhaft konkrete Regelungen.

2. Beschreiben Sie die Vor- und Nachteile folgender flexibler Arbeitszeitmodelle:
   a) Gleitzeit
   b) Schichtarbeit
   c) Arbeit auf Abruf

3. Erläutern Sie die Globus-Grafik:

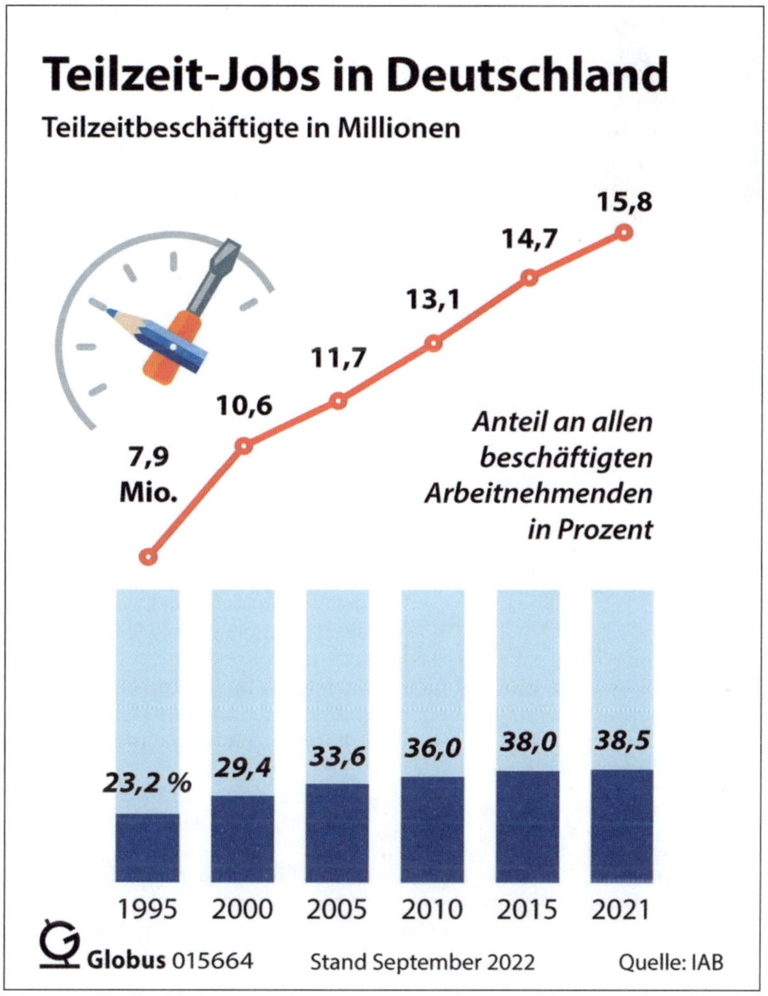

4. Im Zuge der digitalen Transformation gewinnt das Thema Arbeit 4.0 an Bedeutung.
   a) Beschreiben Sie den Unterschied zwischen Arbeit 4.0 und New Work.
   b) Erläutern Sie in kurzen Worten die wichtigsten Antriebskräfte von Arbeit 4.0.
   c) Erläutern Sie je drei konkrete Beispiele für Tätigkeiten im Beschaffungs- und im Absatzprozess eines Industriebetriebs, die zukünftig automatisiert werden könnten.
   d) Analysieren Sie Chancen und Risiken, die mit Arbeit 4.0 für die Arbeitnehmer/-innen verbunden sind.

5. Lösen Sie den nachfolgenden Fall und begründen Sie Ihre Meinung: Die Teilzeitkraft Frau Helmke (Sachbearbeitung Controlling) bewirbt sich um die neu ausgeschriebene Vollzeitstelle im Controlling und beantragt zeitgleich bei der Personalabteilung per Mail eine entsprechende Verlängerung ihrer Arbeitszeit. Einzige Mitbewerberin ist Frau Schönbeck, die seit Jahren in Vollzeit arbeitet und hinsichtlich Ausbildung und Berufserfahrung vergleichbar qualifiziert ist. Herr Pinkawa, Leiter der Personalabteilung, möchte die Stelle lieber mit Frau Schönbeck besetzen, da diese schon seit Jahren Vollzeit arbeitet und damit mehr Engagement für das Unternehmen gezeigt hatte als Frau Helmke. Darf er das?

G Personalentwicklung

Praxisfall „Decker GmbH“

„Wirtschaft Spezial im Kölner Kurier“

Thema heute: Personalentwicklung

Frau Solte ist zuständig für die Personalentwicklung in der Decker GmbH in Köln

Kölner Kurier: Frau Solte, wir möchten in der heutigen Ausgabe unseres Wirtschaftsteils das Thema *Personalentwicklung* vorstellen. Was genau verstehen Sie darunter?

Solte: Das Wort sagt es eigentlich schon: Wir sorgen dafür, dass sich unser Personal weiterentwickelt. Zu diesem Zweck führen wir eine Vielzahl an Personalentwicklungsmaßnahmen durch.

Kölner Kurier: Das klingt etwas abstrakt, können Sie uns das konkreter erklären?

Solte: Ich sage immer: Personalentwicklung bedeutet *Befähigen und Befördern*. Mit *Befähigen* meine ich, dass wir unsere Mitarbeiterinnen und Mitarbeiter dahingehend qualifizieren, dass sie die Kompetenzen erwerben, die sie in ihrem Beruf benötigen.

Kölner Kurier: Sie meinen Fortbildungen?

Solte: Nicht nur: Personalentwicklungsmaßnahmen reichen von der beruflichen Erstausbildung im dualen System über Fort- und Weiterbildungsmaßnahmen bis hin zu vielfältigen unterstützenden Maßnahmen am Arbeitsplatz.

Kölner Kurier: Was ist denn der Unterschied zwischen Fort- und Weiterbildung?

Solte: Fortbildung bedeutet, Sie bleiben in Ihrem aktuellen Tätigkeitsfeld „am Ball“, also auf dem neuesten Stand in Ihrem Job. Denken Sie etwa an eine Softwareschulung, wenn Sie mit einem neuen Programm arbeiten müssen. Weiterbildung bedeutet, Sie erweitern Ihre Kompetenzen über Ihr bisheriges Tätigkeitsfeld hinaus, weil Sie sich verändern oder neu orientieren wollen. Vielleicht wollen Sie ja mal eine Führungskraft werden.

Kölner Kurier: Und was meinten Sie mit „unterstützende Maßnahmen am Arbeitsplatz“?

Solte: Da gibt es eine ganze Reihe, zum Beispiel die Unterweisung am Arbeitsplatz, das Übertragen einer Projektverantwortung, Coaching, Mentoring, Supervision, Auslandseinsätze und so weiter.

Kölner Kurier: Das machen Sie alles, um Ihre Mitarbeiterinnen und Mitarbeiter zu befähigen?

Solte: Ja richtig. Wir wollen beruflich relevante Kompetenzen vermitteln bzw. fördern.

Kölner Kurier: Was für Kompetenzen sind das?

Solte: Grundsätzlich unterscheiden wir zwischen fachlichen Kompetenzen und überfachlichen Kompetenzen. Denn Sie müssen ja einerseits über ein fundiertes Fachwissen verfügen und das auch konkret anwenden können. Dabei legen wir auch großen Wert auf Erfahrungswissen, also Praxiserfahrung.

Kölner Kurier: Verständlich. Und was verstehen Sie unter überfachlichen Kompetenzen?

Solte: Überfachliche Kompetenzen, die sogenannten *Soft Skills*, sind unabhängig von Ihrer Fachrichtung. Da sind einmal methodische Kompetenzen wie Präsentationstechniken, Besprechungstechniken, Kreativitätstechniken oder das Projektmanagement. Soziale Kompetenzen sind zum Beispiel Teamfähigkeit, Empathie und Konfliktmanagement. Wir fördern aber auch Selbstkompetenzen wie Zeitmanagement und Reflexionsfähigkeit.

Kölner Kurier: Und was genau meinten Sie zu Gesprächsbeginn mit *Befördern*?

Solte: Befördern bedeutet, dass wir gemeinsam mit unseren Mitarbeiterinnen und Mitarbeiterinnen deren individuelle mittel- und langfristige Laufbahn bzw. Karriere planen. Befähigen und Befördern sind eng miteinander verzahnt.

Kölner Kurier: Das leuchtet ein. Warum betreiben Sie eigentlich diesen ganzen Aufwand? Man könnte doch meinen, wer etwas werden will, der wird sich schon selbstständig um seine Weiterentwicklung kümmern?

Solte: Das ist richtig. Aber unser Unternehmen hat ein großes Interesse daran, die Entwicklung unseres Personals nicht dem Zufall zu überlassen, sondern langfristig und systematisch zu planen. Nur so können wir das Potenzial unserer Mitarbeiterinnen und Mitarbeiter voll ausschöpfen und auch personelle Ressourcen in Zukunft sicherstellen.

Kölner Kurier: Also eine Win-win-Situation?

Solte: Das können Sie so nennen, ja.

Kölner Kurier: Frau Solte, wir danken Ihnen für das interessante Gespräch.

1 Klären von Zielen der Personalentwicklung

ARBEITSAUFTRAG

Lesen Sie das vorangehende Interview und listen Sie anschließend mögliche Ziele der Personalentwicklung aus Sicht des Unternehmens und aus Sicht der Beschäftigten auf.

Ziele der Personalentwicklung aus Sicht des Unternehmens

Ziele der Personalentwicklung aus Sicht des Personals

2 Unterscheiden von Instrumenten der Personalentwicklung

ARBEITSAUFTRÄGE

Bearbeiten Sie die Arbeitsaufträge mithilfe des nachfolgenden Infotextes.

1. Erstellen Sie eine strukturierte Übersicht über die Instrumente (Maßnahmen) der Personalentwicklung in Form einer Mindmap mit zwei Ebenen und präsentieren Sie anschließend Ihr Ergebnis.

2. Geben Sie die Bezeichnung der aufgeführten Maßnahmen an und ordnen Sie diese durch Ankreuzen der richtigen Kategorie zu.

Situation in der Decker GmbH	**Bezeichnung der Maßnahme**	**Kategorie**					
		into-the-job	**on-the-job**	**near-the-job**	**off-the-job**	**along-the-job**	**out-of-the-job**
a) Lagermeister Böhm zeigt dem Lagerarbeiter Kunefke, wie das automatische Hochregallager zu bedienen ist. Zu diesem Zweck macht er es ihm einmal vor und fordert ihn auf, die einzelnen Schritte unter seiner Aufsicht zu wiederholen.							
b) Frau Finken aus der Abteilung Rechnungswesen arbeitet gemeinsam mit Vertreterinnen und Vertretern anderer Abteilungen unter der Führung der EDV-Abteilung an der Einrichtung eines neuen IT-Netzwerks für den gesamten Betrieb.							
c) Bislang war Frau Gabbert, Sachbearbeiterin der Einkaufsabteilung, zuständig für den Einkauf von Baustoffen. Zukünftig soll sie zusätzlich auch für die Beschaffung von Büromöbeln, von Bürobedarf und von Reinigungsmitteln zuständig sein.							
d) Frau Meyer aus der Abteilung Verkauf reist für zwei Tage in ein Tagungshaus im Sauerland. Dort lernt sie mithilfe von Rollenspielen und gemeinsam ausgewerteten Videoaufzeichnungen, wie man erfolgreich Verkaufsgespräche führt.							
e) Nach erfolgreich abgeschlossenem Studium tritt Maike Grahl in der Decker GmbH in Köln ihre Stelle an. Dabei durchläuft sie gemäß Planvorgabe unterschiedliche Abteilungen und nimmt auch an einem Führungskräfteseminar teil.							
f) Personalberater Kiehl erstellt gemeinsam mit Einkaufssachbearbeiter Innecken, dem wegen der Automatisierung von Einkaufsvorgängen eine Kündigung bevorsteht, ein Stärken-Schwächen-Profil für sein Bewerbungsverfahren.							
g) Bislang war Verkaufssachbearbeiterin Frau Seltmann zuständig für den Verkauf der Produkte der Decker GmbH. Zukünftig soll sie zusätzlich die Ausarbeitung langfristiger Rahmenverträge mit Großkunden übernehmen.							
h) Herr Brehm, Leiter der Marketingabteilung, bittet den externen Personalberater Herrn Zorn, an bevorstehenden Abteilungsbesprechungen teilzunehmen und ihm anschließend Verbesserungsvorschläge zu seinem Führungsstil zu unterbreiten und diesen mit praktischen Übungen zu verbessern.							

Infotext: Maßnahmen der Personalentwicklung[1]

„into-the-job“

Diese Maßnahmen bereiten Beschäftigte ganz grundsätzlich auf die Aufnahme einer neuen Tätigkeit (ggf. in einem neuen Unternehmen) vor.

- **Praktikum:** Zeitlich begrenzte und vertraglich geregelte Mitarbeit in einem Betrieb, um berufliche Kenntnisse, Fähigkeiten und Erfahrungen zur Vorbereitung einer Berufsausbildung oder einer betrieblichen Tätigkeit zu erwerben. Die Mitarbeit folgt in aller Regel keinem systematischen Lehrplan und wird mit dem gesetzlichen Mindestlohn vergütet, wenn bestimmte Voraussetzungen vorliegen (z. B. Praktikumsdauer von mindestens drei Monaten).
- **Berufliche Erstausbildung:** In Deutschland ist die berufliche Erstausbildung eine Kombination aus betrieblicher und schulischer Ausbildung („duales System“). Ergänzend sind oftmals überbetriebliche Ausbildungsphasen (z.B. in speziell ausgestatteten Schulungseinrichtungen der Handwerks- oder Industrie- und Handelskammer) vorgesehen. Die duale Ausbildung dauert zwei bis drei Jahre.
- **Traineeprogramm:** Planvoll angelegte innerbetriebliche Ausbildung für Hochschulabsolventen, welche als Fach- oder Führungskräfte ausgebildet werden sollen. Die Lernenden werden hier als „Trainees“ bezeichnet und durchlaufen planmäßig bestimmte betriebliche Abteilungen. Darüber hinaus sind in aller Regel spezielle Seminare und Netzwerktreffen Teil des Traineeprogramms, welches etwa ein- bis zwei Jahre dauert.

„on-the-job“

Diese Maßnahmen finden am eigenen Arbeitsplatz statt und sind eng mit der Tätigkeit verbunden, gelernt wird vor allem durch Handeln („learning by doing“).

- **Unterweisung am Arbeitsplatz:** Die Unterweisung am Arbeitsplatz („systematische Unterweisung“, „planmäßige Unterweisung“) wird i.d.R. durch die Vorgesetzten („Unterweisende“) vorgenommen. Sie kann hinsichtlich Art und Umfang unterschiedlich ausgestaltet werden. Die bekannteste Variante ist die „Vier-Stufen-Methode“:
  - **Stufe 1: Vorbereitung:** Die Unterweisenden bereiten sich und die Lernenden auf die Aufgabe vor (z.B. Hinweis auf Bedeutung, Lernziele, Werkzeuge, Materialien usw.).
  - **Stufe 2: Vormachen und Erklären:** Die unterweisende Person führt die Tätigkeit zunächst einmal in geraffter Form vor und wiederholt anschließend die Vorführung noch einmal langsam mit entsprechenden Erklärungen und Begründungen.
  - **Stufe 3: Nachmachen und Erklären:** Die lernende Person macht die Tätigkeit vor und erklärt und begründet dabei ihr Vorgehen. Die Unterweisenden können dabei sofort mögliche Fehler korrigieren.
  - **Stufe 4: Vertiefung und Übung:** Die Lernenden führen die Tätigkeit selbstständig durch, die Unterweisenden stehen für Rückfragen zur Verfügung und kontrollieren die Lernfortschritte.

  Eine alternative Variante der Unterweisung am Arbeitsplatz ist die **Leittextmethode**, bei der ein Leittext die Mitarbeitenden Schritt für Schritt anlernt und damit die selbstständige Erarbeitung ermöglicht.

- **Arbeitsstrukturierung:** Unter „Arbeitsstrukturierung“ versteht man die Gestaltung bzw. Veränderung des Inhalts und des Umfangs von Tätigkeiten bzw. Stellen im Betrieb. Durch eine zielgerichtete Strukturierung der Tätigkeiten können Arbeitnehmende durch tagtägliches Handeln zusätzliche Kompetenzen erwerben und sich auf diese Weise weiterentwickeln. Gleichzeitig stellt diese Maßnahme eine Chance zur Erhöhung der Arbeitszufriedenheit dar. Man unterscheidet:
  - **Jobenlargement:** Beschäftigte erhalten zusätzliche Tätigkeiten auf demselben Anforderungsniveau, die Quantität der Tätigkeiten nimmt zu (z.B. muss der Einkauf zukünftig eine Einkaufsstatistik führen). Jobenlargement soll Monotonie abbauen und Abwechslung in das Arbeitsleben bringen. Man spricht daher auch von einer „Arbeitserweiterung“ oder einer „horizontalen Umstrukturierung“.

1 Einteilung der Maßnahmen in Anlehnung an Anger, G. u. a.: Personalwirtschaft, 5. Auflage Köln 2012

- **Jobenrichment:** Beschäftigte erhalten zusätzliche Aufgaben auf einem höheren Anforderungsniveau, die Qualität der Tätigkeiten nimmt zu. Dabei handelt es sich um schwierigere und anspruchsvollere Aufgaben (z. B. Führung der Mitarbeiterinnen und Mitarbeiter einer Abteilung). Jobenrichment führt zu einem höheren Grad an Autonomie und Eigenverantwortung. Man spricht daher auch von einer „Arbeitsanreicherung“ bzw. „Aufgabenbereicherung“ oder einer „vertikalen Umstrukturierung“.
- **Jobrotation:** Beschäftigte wechseln auf Grundlage eines „Rotationsprogramms“ planmäßig den Arbeitsplatz. Durch die damit verbundenen Veränderungen gewinnen sie neue Fach- und Führungserfahrung und erhöhen ihre Flexibilität.
- **Teilautonome Arbeitsgruppen:** Mehrere Arbeitnehmer/-innen erhalten einen in sich abgeschlossenen Aufgabenbereich, den sie selbstständig und gemeinsam erfüllen und verantworten *(z. B. die Fertigung eines komplexen Bauteils in einem Industriebetrieb)*. Dadurch können sie selbstbestimmt ihre (insbesondere sozialen) Kompetenzen ausbauen und ihre Flexibilität erhöhen.

„near-the-job“

Diese Maßnahmen zeichnen sich durch die räumliche, zeitliche und inhaltliche Nähe zum Arbeitsplatz aus.

- **Lernstatt:** Bei der Lernstatt (Kunstwort, das aus den Worten „Lernen“ und „Werkstatt“ zusammengesetzt ist) treffen sich rund sechs bis acht Mitarbeiter/-innen freiwillig neben ihrer Arbeit zur Bearbeitung einer selbst gestellten Aufgabe. Durch diese Maßnahme soll die Zusammenarbeit, die Bereitschaft zu Veränderungen, die Identifikation mit dem Betrieb und ein Qualitätsbewusstsein gefördert werden. Im Mittelpunkt steht der Lernprozess.
- **Qualitätszirkel:** Qualitätszirkel ähneln der Lernstatt: Auch hier treffen sich wenige Mitarbeitende des Unternehmens regelmäßig, um die Qualität der Produkte, der betrieblichen Prozesse, der Arbeitsbedingungen wie auch der Arbeit zu verbessern. Doch anders als bei der Lernstatt steht hier die ständige Qualitätsverbesserung im Mittelpunkt. Der Grundgedanke des Qualitätszirkels besteht darin, ungenutzte Potenziale der Mitarbeiter/-innen zur Lösung von Problemen zu aktivieren.
- **Projekt:** Ein Projekt ist eine einmalige und komplexe Aufgabenstellung mit einer konkreten Zielsetzung (z. B. Entwicklung eines neuen Getriebes, Durchführung eines Kongresses, Entwicklung einer Software) und Begrenzungen hinsichtlich Zeit und Ressourcen. Dabei arbeiten Mitarbeiter/-innen unterschiedlicher Abteilungen und ggf. auch Betriebe zusammen an einem gemeinsamen Projektergebnis. Mit Abnahme dieses Projektergebnisses ist das Projekt beendet.
- **Auslandseinsatz:** Durch die zunehmende Internationalisierung bzw. Globalisierung besteht für viele Beschäftigte die Möglichkeit, zeitweise im Ausland zu arbeiten. Abhängig von der Aufgabenstellung kann die Dauer des Auslandsaufenthalts von einem Tag bis zu mehreren Jahren reichen. Auslandsaufenthalte fördern berufliche Kompetenzen und die individuelle Flexibilität der Beschäftigten („Expatriates“) in besonderem Maße, da diese sich gleich auf mehreren Ebenen (fachlich, sprachlich, kulturell, klimatisch usw.) behaupten müssen.

„off-the-job“

Diese Maßnahmen finden jenseits des Arbeitsplatzes in einem angepassten, professionellen Lernumfeld statt. Dabei handelt es sich um alle Arten von Fort- und Weiterbildungsmaßnahmen sowie Umschulungen. Folgende Maßnahmen lassen sich unterscheiden:

- **Vortrag:** Eine Expertin bzw. ein Experte hält einen freien oder einen mediengestützten Vortrag *(z. B. ein einstündiger Fachvortrag einer Geschäftsführerin zum Thema „Industrie 4.0“ in der Industrie- und Handelskammer)*.
- **Seminar:** Seminare sind Lehrveranstaltungen, die abhängig vom Thema, der Zielgruppe und dem Anbieter methodisch unterschiedlich ausgestaltet werden können (z. B. Kombination aus Vorträgen, Partner- und Gruppenarbeiten, Rollenspielen, Planspielen, Diskussionen usw.). Seminare werden oftmals in Form von „Trainings“ oder „Workshops“ realisiert:
  - Das **Training** bezweckt konkrete und möglichst zeitnahe Verhaltensänderungen der Teilnehmerinnen und Teilnehmer (z. B. Kommunikationstraining oder Teambildungstraining für Führungskräfte).
  - Im **Workshop** arbeiten eine oder mehrere Gruppen kooperativ an einem Thema und liefern ein konkretes Ergebnis. Abhängig vom Workshop kann der Gruppen- und Lernprozess oder auch das Ergebnis im Vordergrund stehen. Ein Workshop wird i. d. R. durch eine (oftmals externe) Person geplant und moderiert, welche dem Ergebnis neutral gegenüber steht.
- **Studium:** Mitarbeiter/-innen verlassen ihren Arbeitsplatz für längere Zeit, um an einer Hochschule (Universität oder Fachhochschule) oder einer Berufsakademie (BA) zu studieren.

- **Kurs:** Kurse sind themengebundene Lehrveranstaltungen, die von überbetrieblichen Trägern (Industrie- und Handelskammern) oder anderen Trägern (z. B. Volkshochschulen) angeboten werden.
- **E-Learning:** Beim E-Learning wird der Lernprozess durch den Einsatz elektronischer Informations- und Kommunikationstechnologien unterstützt. Modernes E-Learning ermöglicht interaktives Lernen und die Einbindung und Kombination jeglicher Art digitaler Medien („Multimedia"). Dabei gibt es eine Vielzahl ganz unterschiedlicher Lernkonzepte (mit oder ohne Trainer/-in, individuell oder in der Gruppe, usw.). E-Learning lässt sich mithilfe von CDs bzw. DVDs („computer basiertes Training" bzw. „CBT") oder dem Internet („web basiertes Training" bzw. „WBT") realisieren.

„along-the-job"

Diese berufsbegleitenden, laufbahnbezogenen Maßnahmen sind stellenübergreifend und bereiten die Beschäftigten systematisch über einen längeren Zeitraum auf höhere Aufgaben vor.

- **Karriereplanung:** Karriereplanung (Laufbahnplanung) ist die langfristige Planung der Stellenfolge eines Mitarbeiters/einer Mitarbeiterin, die sowohl im Interesse der Beschäftigten wie auch des Unternehmens erfolgt: Durch die Karriereplanung werden konkrete Perspektiven in Form der Übernahme attraktiver Fach- und Führungsaufgaben eröffnet. Das Unternehmen kann durch diese Maßnahme seinen langfristigen quantitativen und qualitativen Personalbedarf decken und damit den notwendigen Bestand an Fach- und Führungskräften absichern. Darüber hinaus lässt sich eine ungewünschte Fluktuation aufgrund fehlender Aufstiegsperspektiven verringern.
- **Strukturiertes Mitarbeitergespräch:** Das strukturierte Mitarbeitergespräch findet ein- bis zweimal im Jahr zwischen Vorgesetzten und Mitarbeiter/-innen statt. Inhalt und Aufbau des Gespräches sind standardisiert:
  - Rückmeldung (Feedback) zu Leistung und Verhalten in der abgelaufenen Periode
  - Leistungs- und Verhaltensziele für die nächste Periode
  - Entwicklungsmöglichkeiten und Entwicklungswünsche der Mitarbeiter/-innen
  - Unterstützungs- und Entwicklungsmöglichkeiten des Unternehmens
- **Coaching:** Ziel des Coachings ist die mittel- bis langfristige Verhaltensänderung und damit die Persönlichkeitsentwicklung von Führungskräften. Diese sollen mithilfe von Feedback, Training und Beratung durch eine speziell ausgebildete interne oder externe Fachkraft („Coach/Coachin") dazu befähigt werden, selbstständige berufliche Herausforderungen *(z. B. Leiten von Projekten, Managen von Konflikten)* zu bewältigen. Der Coach bzw. die Coachin liefert dabei nicht die fertigen Problemlösungen, sondern leistet Hilfe zur Selbsthilfe. Man unterscheidet Einzel- und Gruppencoaching.
- **Mentoring (Patenschaft):** Ziel des Mentorings ist die Förderung von Nachwuchskräften und Talenten in einer neuen beruflichen Situation wie auch deren Bindung an das Unternehmen. Zu diesem Zweck wird ein erfahrener Mitarbeiter oder eine erfahrene Mitarbeiterin (Mentor/-in) für einige Monate einer weniger erfahrenen oder unerfahrenen Person („Mentee") an die Seite gestellt, um Wissen und Erfahrung zu fachlichen und zu organisationsbezogenen Fragen weiterzugeben, den/die Mentee zu beraten und zu unterstützen (z. B beim Aufbau sozialer Netzwerke). Beim Mentoring steht die persönliche Bindung zwischen Mentor/-in und Mentee im Mittelpunkt. Gewöhnlich ist der Mentor/die Mentorin nicht speziell für das Mentoring ausgebildet, sondern verfügt über einen Wissens- und Erfahrungsvorsprung. Mentoring spielt eine große Rolle bei der Förderung von Frauen in Industrie und Wissenschaft.
- **Supervision:** Ziel der Supervision ist die Verbesserung von Zusammenarbeit, menschlichen Beziehungen sowie von Prozessen in einer Organisation. Sie wird von einem/einer ausgebildeten Supervisor/-in mit einer Person, einer Gruppe, einem Team oder auch einer ganzen Organisation durchgeführt. Im Mittelpunkt stehen die Reflexion und die damit verbundene Änderung von Deutungs- und Handlungsmustern im beruflichen Alltag. Supervision wird vor allem von psychosozialen Berufen (medizinischem, therapeutischem, pädagogischem, Pflegepersonal usw.) aber auch von Führungskräften in der Wirtschaft nachgefragt.

„out-of-the-job"

Diese Maßnahmen sollen Beschäftigte beim Verlassen des Unternehmens unterstützen.

- **Outplacement-Beratung:** Outplacement ist eine Maßnahme für Mitarbeiter/-innen höherer Hierarchieebenen, die das Unternehmen entlassen will oder muss Ziel der Outplacement-Beratung ist die erfolgreiche Unterbringung der i. d. R. gekündigten Mitarbeiter/-innen in einem anderen Unternehmen oder die Gründung einer eigenen Existenz. Das Unternehmen kann mit einer erfolgreichen Outplacement-Beratung Imageschäden begrenzen, mögliche Kosten durch arbeitsrechtliche Streitigkeiten senken und die Motivation der verbleibenden Mitarbeiter/-innen erhöhen. Die Beratung umfasst die emotionale Unterstützung der gekündigten Arbeitnehmer/-innen sowie die systematische Vorbereitung der beruflichen Neuorientierung (z. B. Entwickeln eines differenzierten Know-how-Profils, Trainieren von Vorstellungsgesprächen usw.). Da die Outplacement-Beratung Hilfe zur Selbsthilfe leistet und sowohl für einzelne Mitarbeiter/-innen wie auch für Gruppen möglich ist, kann sie als Sonderform des Coachings betrachtet werden.

- **Ruhestandsvorbereitung:** Der Ruhestand nach einem aktiven Berufsleben ist ein tiefer Einschnitt in das Leben aller Beschäftigten. Doch während sich die einen auf viel Freizeit freuen, haben die anderen Angst vor Vereinsamung und Leere im Alter. Hinzu kommt das schmerzhafte Gefühl, nicht mehr gebraucht zu werden und ersetzbar zu sein. Die Ruhestandsvorbereitung als Instrument der Personalentwicklung soll solchen Gefühlen entgegenwirken. Dazu gehören Altersteilzeitmodelle, Seniorenclubs, Vortragsreihen und Wochenendseminare (etwa zu Fragen gesunder Ernährung und Bewegung, medizinischen und psychologischen Aspekten usw.). Gründe für solche Maßnahmen sind zum einen die soziale Verantwortung des Unternehmens für seine Belegschaft und damit verbundene Imageeffekte nach außen. Zum anderen versucht das Unternehmen durch solche Maßnahmen das Absinken von Motivation und Leistungsfähigkeit der Beschäftigten wie auch mögliche Konflikte zu vermeiden.

3 Managen des Personalentwicklungsprozesses

ARBEITSAUFTRÄGE

Bearbeiten Sie die Arbeitsaufträge mithilfe des nachfolgenden Infotextes.

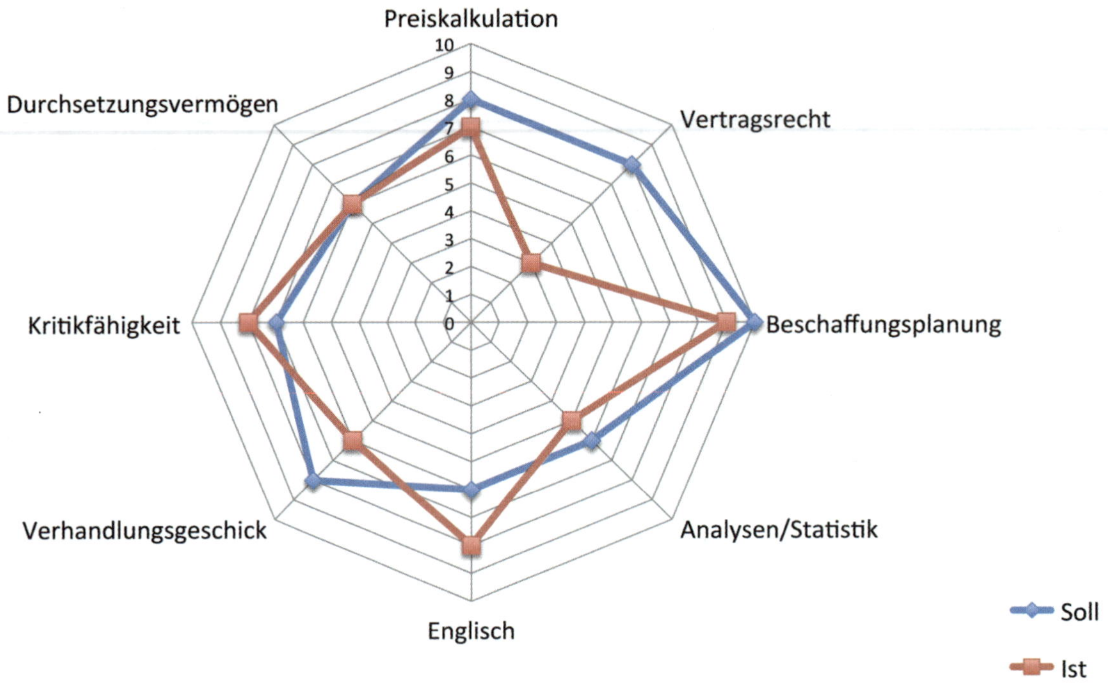

1. Im Rahmen der Bedarfsanalyse wurde für Frau Kremer, Sachbearbeiterin aus der Abteilung Einkauf (Inland), das vorliegende Anforderungs- und Fähigkeitsprofil erstellt. Erläutern Sie die Grafik.

2. Vertiefende Gespräche im Rahmen der Bedarfsanalyse hatten unter anderem ergeben, dass die Arten, die Voraussetzungen wie auch die Rechtsfolgen von Kaufvertragsstörungen (Erfüllungsstörungen) nicht nur Frau Kremer, sondern allen vier Sachbearbeitern/Sachbearbeiterinnen der Einkaufsabteilung nicht ausreichend bekannt sind. Formulieren Sie ein oder mehrere Ziele für eine entsprechende Fortbildungsmaßnahme.

3. Überlegen Sie, welche Personalentwicklungsmaßnahmen hier infrage kommen.

Die Personalabteilung beschließt, die vier Sachbearbeiter/-innen der Einkaufsabteilung im Rahmen eines Seminars zum Thema „Erfüllungsstörungen“ fortzubilden. Herr Winkler, Leiter der Einkaufsabteilung, bietet an, das Seminar als „interne Fortbildung“ selbst durchzuführen. Er hat nach seiner Ausbildung zum Industriekaufmann bei der Decker GmbH viele Jahre Erfahrungen im Einkauf gesammelt und kennt sich in der Materie gut aus. Alternativ könnte die Fortbildungsmaßnahme an einen externen Anbieter übergeben werden. Um eine Entscheidung treffen zu können, sollen die Vorteile und die Kosten beider Varianten gegenübergestellt werden.

4. Zunächst sollen die Kosten einer internen Fortbildung den Kosten einer externen Fortbildung (jeweils zweitägig) gegenübergestellt werden. Die Kosten für den Arbeitsausfall im Einkauf der Decker GmbH belaufen sich je Sachbearbeiter/-in auf 35,00 €/Std. und bei der Abteilungsleitung auf 60,00 €/Std. Die tägliche Arbeitszeit der Decker GmbH beträgt acht Stunden. Darüber hinaus gilt:

- **Interne Schulung:** Zeitbedarf der Vorbereitung der Schulung durch den Abteilungsleiter: zwei Tage, interne Verrechnungskosten für den Schulungsraum: 90,00 € pro Tag, Moderationsbedarf (gesamt): 150,00 €, Organisationspauschale (gesamt): 350,00 €
- **Externe Schulung:** Durchführung der Schulung in den Räumen des Anbieters, Seminarpreis pro Teilnehmer/-in: 1.280,00 €, Fahrtkosten je Teilnehmer/-in (einfache Fahrt): 40,00 €, Übernachtungskosten: 60,00 € pro Person, Organisationspauschale (gesamt): 200,00 €

Stellen Sie die Kosten der internen und der externen Fortbildungsmaßnahme gegenüber.

5. Stellen Sie die Vorteile einer internen Fortbildung den Vorteilen einer externen Fortbildung gegenüber.

Vorteile einer internen Fortbildung	Vorteile einer externen Fortbildung

6. Welche Entscheidung sollte die Decker GmbH treffen? Begründen Sie Ihre Meinung.

Infotext: Personalentwicklungsprozess

Der Personalentwicklungsprozess (auch „Personalentwicklungszyklus“) stellt dar, wie die Personalentwicklung im Idealfall gemanagt wird. In Theorie und Praxis gibt es dazu unterschiedliche Modelle. Das nachfolgende Modell ist grundlegender Natur und besteht aus sechs Schritten:

Schritt 1: Bedarfsanalyse

Ein Bedarf an Personalentwicklung entsteht immer dann, wenn Lücken zwischen Stellenanforderungen („Soll“) und Kompetenzen der betreffenden Person („Ist“) bestehen. Der Personalentwicklungsbedarf wird in drei Schritten ermittelt:

- **Anforderungsanalyse („Soll-Profil“):** Zunächst wird mithilfe der Stellenbeschreibung und/oder Befragungen bisheriger Stelleninhaber/-innen oder von Expertinnen und Experten analysiert, welche Kompetenzen für die Ausübung der Tätigkeiten der Stelle erforderlich sind. Ergebnis ist das Anforderungsprofil der Stelle (schwarze Linie in der Grafik).
- **Personalanalyse („Ist-Profil“):** In einem zweiten Schritt wird der Mitarbeiter/die Mitarbeiterin analysiert. Die Analyse bezieht sich auf die Kompetenzen und das Entwicklungspotenzial („Potenzialanalyse“). Das kann in Form von Befragungen, Einsicht in die Leistungsbeurteilung oder Personalakte wie auch mithilfe eines Assessment Centers (siehe Seite 42) geschehen. Ergebnis der Personalanalyse ist das Fähigkeitsprofil des /der Beschäftigten (blaue Linie in der Grafik).
- **Abweichungsanalyse („Soll-Ist-Abweichung“):** Nun werden Anforderungsprofil und Fähigkeitsprofil gegenübergestellt. Die sich ergebenden Abweichungen (Lücken) entsprechen dem Personalentwicklungsbedarf. Liegen Stellenanforderungen über den entsprechenden Mitarbeiterfähigkeiten, spricht man von einer „Kompetenzlücke“, es besteht ein Weiterbildungsbedarf. Liegen die Mitarbeiterfähigkeiten über Stellenanforderungen, spricht man von einer „Anforderungslücke“: Die Person ist in diesem Falle unterfordert und sollte gefördert werden (z. B. durch Übernahme anspruchsvollerer Tätigkeiten).

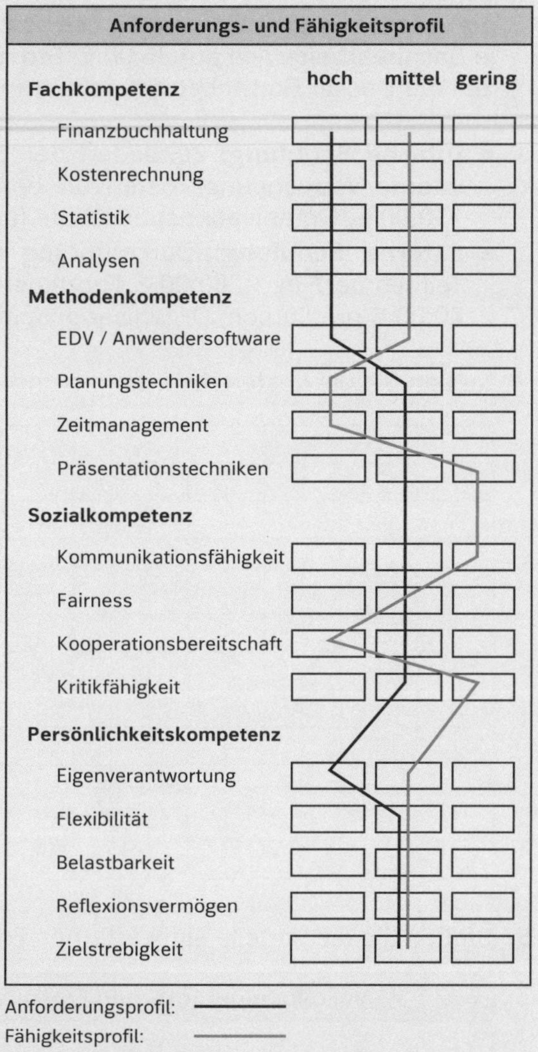

Schritt 2: Zielsetzung

Auf Grundlage der Bedarfsanalyse können für eine bestimmte Person oder Personengruppe konkrete Kompetenzziele formuliert werden. Diese entsprechen den Soll-Ist-Abweichungen aus der Bedarfsanalyse. In aller Regel sind jedoch noch Konkretisierungen und Ergänzungen erforderlich. Zu diesem Zweck sind die Kompetenzziele SMART zu formulieren:

S	spezifisch	Entwicklungsziele und Zielgruppe sind präzise und unmissverständlich benannt.
M	messbar	Die zu erwerbenden Kompetenzen sind messbar ausgewiesen.
A	akzeptiert	Die Zielperson bzw. die Zielgruppe akzeptiert die Kompetenzziele.
R	realistisch	Die Kompetenzziele sind für die betreffenden Mitarbeiter/-innen erreichbar.
T	terminiert	Der Zeitpunkt der Erreichung der Kompetenzziele ist kalendarisch festgelegt.

Dabei sind folgende Arten von Kompetenzen zu unterscheiden:

- **Fachkompetenz:** fachliches Wissen und fachliches Können
- **Schlüsselkompetenzen:** überfachliche Kompetenzen, vor allem:
  - **Sozialkompetenz:** Hilfsbereitschaft, Empathie, Kompromissfähigkeit, Kommunikationsfähigkeit, Kritikfähigkeit, Loyalität usw.
  - **Methodenkompetenz:** systematische Lern- und Arbeitsmethoden (z. B. Analysemethoden, Lese- und Strukturierungsmethoden, Zeit- und Projektmanagement)
  - **Persönlichkeitskompetenz:** Selbstständigkeit, Flexibilität, Belastbarkeit, Entscheidungsfähigkeit, Verantwortungsübernahme, Reflexionsvermögen usw.

Schritt 3: Maßnahmenplanung

Aus den Kompetenzzielen kann die Maßnahmenplanung abgeleitet werden:

- **Teilnehmer/-innen:** Größe und Zusammensetzung der Zielgruppe
- **Art der Maßnahme:** Auswählen einer geeigneten Maßnahme (z. B. Seminar, Coaching usw.)
- **Interner oder externer Träger:** Abhängig davon, ob eine Mitarbeiterin bzw. ein Mitarbeiter des eigenen Betriebs oder ein externer Anbieter für Konzeption und Durchführung der Maßnahme verantwortlich ist, spricht man von einer internen oder von einer externen Maßnahme. Dabei spielt es keine Rolle, an welchem Ort die Maßnahme durchgeführt wird, denn ein externer Anbieter kann auch ein „Inhouse-Seminar“ im Betrieb des Auftraggebers durchführen. Externe Fortbildungsmaßnahmen können geschlossen (auf die Mitarbeiter/-innen des Auftraggebers beschränkt) oder offen (für die Allgemeinheit zugänglich) angeboten werden.
- **Konzept:** Festlegen von Inhalt, Ablauf und Methoden (nur bei internen Maßnahmen)
- **Material:** Technik (Beamer, Laptop, Filme, Smartboard usw.) und Moderationsmaterialien (Flipchart, Pinnwände, Moderationskarten usw.)
- **Kosten:** Planen sämtlicher Kosten, die mit der Vorbereitung, Durchführung und Nachbereitung der Maßnahme verbunden sind (einschließlich Arbeitsausfall der Teilnehmer/-innen)
- **Ort:** Bestimmen und ggf. Reservieren erforderlicher Räumlichkeiten
- **Zeit:** Festlegen von Datum und Uhrzeit (Beginn und Ende)

Schritt 4: Maßnahmendurchführung

Die Maßnahme wird gemäß Planung intern oder extern realisiert.

Schritt 5: Maßnahmenevaluation

Der Erfolg der Maßnahme(n) kann mithilfe standardisierter Fragebögen durch die Teilnehmer/-innen selbst wie auch durch Tests und Prüfungen evaluiert werden.

Schritt 6: Transfersicherung

Unter Transfer versteht man in diesem Zusammenhang die dauerhafte Übertragung bzw. Anwendung des in einer Maßnahme Erlernten am Arbeitsplatz. Transfersicherung ist entsprechend die Gesamtheit der Maßnahmen der Führungskräfte, den Transfererfolg zu unterstützen und zu kontrollieren:

- **Unterstützungsmaßnahmen:** Ermunterung der Teilnehmer/-innen der Maßnahme zur Anwendung des Gelernten am Arbeitsplatz, Schaffung von Rahmenbedingungen bzw. Abbau von Hemmnissen
- **Transferkontrollen:** Kontrollen von Verhaltensänderungen der Beschäftigten am Arbeitsplatz, Kontrollen betrieblicher Auswirkungen (z. B. Erhöhung der Produktivität, Produktqualität oder Rentabilität, Verbesserung des Arbeitsklimas, Kostensenkung)

Kompaktwissen

Definition „Personalentwicklung“
Personalentwicklung umfasst alle planmäßigen Maßnahmen der beruflichen Aus-, Fort- und Weiterbildung sowie der Förderung der Belegschaft eines Betriebs, um deren beruflichen Handlungskompetenzen an die betrieblichen Anforderungen anzupassen.

Instrumente der Personalentwicklung

Kategorie	Instrument (Maßnahme)
into-the-job	• Praktikum • Berufliche Erstausbildung • Traineeprogramm
on-the-job	• Unterweisung am Arbeitsplatz (Vier-Stufen-Methode, Leittextmethode) • Arbeitsstrukturierung (Jobenlargement, Jobenrichment, Jobrotation, teilautonome Arbeitsgruppen)
near-the-job	• Lernstatt • Qualitätszirkel • Projekt • Auslandseinsatz
off-the-job	• Vortrag • Seminar (Training, Workshop) • Studium • Kurs • E-Learning
along-the-job	• Karriereplanung • Strukturiertes Mitarbeitergespräch • Coaching • Mentoring • Supervision
out-of-the-job	• Outplacement-Beratung • Ruhestandsvorbereitung

Personalentwicklungsprozess

Bedarfsanalyse
↓
Zielsetzung
↓
Maßnahmenplanung
↓
Maßnahmendurchführung
↓
Maßnahmenevaluierung
↓
Transfersicherung

Vertiefungsaufgaben

1. Sind nachfolgende Behauptungen richtig oder falsch?

    a) Personalentwicklung ist ein Teilgebiet der Personalwirtschaft.
    b) „Fortbildung“ ist ein Synonym für „Weiterbildung“.
    c) Personalentwicklung plant auch die Karrierewege der einzelnen Mitarbeiter/-innen.
    d) Soft Skills sind kaufmännische Kompetenzen (Bürotätigkeiten).

2. Stellen Sie die beruflich relevanten Kompetenzen in einem Baumdiagramm übersichtlich dar.

3. Was kann die Personalentwicklung tun, wenn sie bei der Bedarfsanalyse herausfindet, dass Stellenanforderungen unterhalb der Fähigkeiten des Mitarbeiters/der Mitarbeiterin liegen?

4. Geben Sie für die aufgeführten Maßnahmen an, ...

    a) ... wie die Maßnahme bezeichnet wird,
    b) ... welcher Kategorie von Maßnahmen sie zuzuordnen ist.

Maßnahmen
Maßnahme 1: Patenschaft für eine Nachwuchskraft durch eine erfahrene Mitarbeiterin
Maßnahme 2: Übertragung von Zusatzaufgaben auf der Ebene der bisherigen Tätigkeiten
Maßnahme 3: Selbstständiges Erarbeiten eines Themengebietes mithilfe digitaler Medien
Maßnahme 4: Langfristige Planung der Stellenfolge für einen Mitarbeiter im Unternehmen
Maßnahme 5: Planmäßige betriebliche Ausbildung für Hochschulabsolventen
Maßnahme 6: Beratung eines gekündigten Mitarbeiters für seine berufliche Zukunft
Maßnahme 7: Übertragung von Zusatzaufgaben auf höherer Ebene
Maßnahme 8: Lehrveranstaltung mit dem Ziel einer Verhaltensänderung der Mitarbeiter/-innen

5. Worin besteht der Unterschied zwischen einer internen und einer externen Fortbildungsmaßnahme?

6. Stellen Sie Vor- und Nachteile der Personalentwicklung „on-the-job“ für die Lernenden gegenüber.

7. Entwickeln Sie ein Formblatt für die standardisierte Evaluation (Bewertung) von Fortbildungsmaßnahmen. Das Formular soll

    - maximal zwei Seiten umfassen,
    - eine differenzierte Bewertung ermöglichen,
    - übersichtlich strukturiert sein,
    - eine leichte Auswertung ermöglichen.

8. Im Rahmen der Transfersicherung wird vielfach festgestellt, dass die in den Personalentwicklungsmaßnahmen erworbenen Kompetenzen am Arbeitsplatz nicht angewendet bzw. umgesetzt werden. Führen Sie mögliche Gründe auf und erläutern Sie, wie die Personalentwicklung diesem Problem entgegentritt.

9. Erläutern Sie, aus welchem Grunde Personalentwicklung und Organisationsentwicklung eng miteinander verzahnt sind.

H Personalführung

Praxisfall „Decker GmbH“

1 Analysieren alternativer Führungsstile

Der Geschäftsführer der Decker GmbH, Dr. Weber, hat einige Mitarbeiter/-innen zu einer Besprechung eingeladen. In dieser Besprechung sollen aktuelle Probleme erörtert werden. Die eingeladenen Mitarbeiter/-innen wissen noch nicht, worüber Dr. Weber mit ihnen sprechen will.

Dr. Weber: Guten Morgen. Unsere Tagesordnungspunkte heute sind der Auftrag von Braun und unser EDV-Projekt. Beginnen wir also mit dem Auftrag von Braun. Frau Sasse, wie konnte das passieren?

Frau Meyer: Vielleicht darf ich dazu ...

Dr. Weber: Ich habe Frau Sasse gefragt. Sie ist doch wohl dafür verantwortlich, dass uns der Auftrag durch die Lappen gegangen ist.

Frau Sasse: Ich glaube, da gab es ein Missverständnis. Ich habe nur ...

Dr. Weber: Nein, Frau Sasse, das stimmt nicht, Sie hätten den Auftrag gleich bestätigen müssen, das ist ein Anfängerfehler!

Frau Sasse: Aber es gab doch noch gar keinen Auftrag. Ich hatte mit der Einkäuferin von Braun gesprochen und sie wollte sich noch einmal bei ihrem Vorgesetzten rückversichern, bevor sie bestellt. Daraufhin habe ich gesagt, das sei kein Problem und sie möge das erst mal klären. Warum sie dann nicht bei uns sondern bei Rau bestellt hat, wissen wir nicht.

Dr. Weber: Klären Sie das. Ich komme zum nächsten TOP, der Umstrukturierung unserer EDV. Herr Forst, warum geht das Projekt nicht voran? Sie hängen völlig hinterher!

Herr Forst: Das wollte ich doch mit Ihnen besprechen, aber leider waren Sie die ganze Woche nicht erreichbar. Das Projekt braucht auch deswegen mehr Zeit, weil Herr Grube nicht mehr da ist. Als Problemlösung schlage ich vor, dass wir ...

Dr. Weber: Die Problemlösung lassen Sie mal meine Sorge sein, Herr Forst. Ich schicke Ihnen einen externen IT-Fachmann für die ganze nächste Woche, dann können Sie das aufholen.

Herr Forst: Hm, da sehe ich Probleme. Sollten wir nicht vielleicht ...

Dr. Weber: Herr Forst, wenn wir jede Entscheidung diskutieren, sitzen wir heute Abend noch hier.

Herr Forst: Gestatten Sie mir eine kritische Bemerkung, Dr. Weber ...

Dr. Weber: Herr Forst, Sie verkennen die Lage. Wenn Sie weiterhin meinen, alles besser zu wissen, bekommen wir beide noch ein Problem. Die Sitzung ist beendet, wir sehen uns morgen beim Meeting.

Am folgenden Tag lädt der Leiter der IT-Abteilung, Herr Forst, sein Team zu einer außerordentlichen Besprechung ein. Einziger Tagesordnungspunkt ist das ERP-Projekt.

Herr Forst: Guten Morgen Frau Rass, guten Morgen Herr Salih! Die Tagesordnung liegt Ihnen ja seit Dienstag vor. Wie Sie sehen, habe ich nur einen Tagesordnungspunkt. Aber vielleicht gibt es noch Ergänzungsanträge von Ihrer Seite?

Herr Salih: Nein, kann losgehen ...

Herr Forst: Wir müssen über die Ursachen für die Terminprobleme unseres Projekts sprechen. Aus meiner Sicht krankt das Projekt vor allem daran, dass Grube nicht mehr da ist, was meinen Sie?

Frau Rass: Ich sehe das anders.

Herr Forst: Nämlich?

Frau Rass: Natürlich macht das mit Grube die Sache nicht leichter. Aber die Probleme liegen tiefer. Aus meiner Sicht waren die Projektziele von Anfang an unklar und unrealistisch, wenn ich das mal ganz ehrlich sagen darf.

Herr Forst: Ich bitte darum.

Frau Rass: Es war von Anfang an unklar, mit welchen Betriebssystemen die Rechner ausgestattet werden sollen. Es gab außerdem widersprüchliche Angaben darüber, was genau das System leisten soll, so haben wir uns immer wieder verheddert und im Kreis gedreht. Unser letztes Problem mit den Eingabemasken haben Sie ja mitbekommen, da haben wir eine ganze Woche verloren.

Herr Forst: Sehen Sie das auch so? *(zustimmendes Nicken von Herrn Salih)* Gut, das klingt plausibel. Was schlagen Sie vor?

Frau Rass: Mein Vorschlag: Wir legen endlich mal gemeinsam die wichtigsten Projektziele und Detailanforderungen verbindlich und schriftlich fest, dann haben wir eine verlässliche Grundlage.

Herr Forst: Einverstanden. Dann bitte ich Sie, Frau Rass, einen Vorschlag vorzuformulieren und mir bis Ende der Woche vorzulegen, schaffen Sie das?

Frau Rass: Ich denke ja, wir sind ja dringend drum verlegen.

Herr Forst: Gut, dann könnten wir Anfang nächster Woche in die Entwurfsphase gehen. Gibt es sonst noch etwas zu besprechen?

Herr Salih: Ich würde noch gern über die Beschaffung unserer neuen Beamer reden ...

Herr Forst: Können wir das in die nächste Sitzung verlegen, Herr Salih?

Herr Salih: Wenn das so lange Zeit hat?

Herr Forst: Das hat es, wir klären das dann in Ruhe, ich habe noch einen dringenden Auswärtstermin. Dann schließe ich die Sitzung und wünsche Ihnen einen schönen Tag.

ARBEITSAUFTRÄGE

1. Tragen Sie mithilfe des nachfolgenden Infotextes den Führungsstil der beiden Führungskräfte ein und belegen Sie Ihre Meinung, indem Sie konkrete Verhaltensweisen beider Manager beschreiben.

Dr. Weber	Herr Forst
Führungsstil: ______________________	Führungsstil: ______________________
Beschreibung:	Beschreibung:

2. Wie würden Sie Ihre Mitarbeiterinnen und Mitarbeiter führen? Begründen Sie Ihre Meinung.

3. Tragen Sie wesentliche Vor- und Nachteile beider Führungsstile zusammen:

Führungsstil: ______________________	Führungsstil: ______________________
Vorteile	Vorteile
Nachteile	Nachteile

Infotext: Führungsstile

„Führung“ („Leadership“) ist ein Prozess zur zielorientierten Beeinflussung des Verhaltens von Mitarbeiterinnen und Mitarbeitern. Unter einem „Führungsstil“ versteht man das grundlegende Verhaltensmuster einer Führungskraft gegenüber ihren Untergebenen. Mit anderen Worten: Der Führungsstil ist die grundlegende Art und Weise, wie sich eine Führungskraft gegenüber ihren Untergebenen verhält, um deren Verhalten zu beeinflussen. Dabei steht die Entscheidungsfindung im Vordergrund. Bekannte Führungsstile sind:

Autoritärer Führungsstil

Beim autoritären (autokratischen) Führungsstil versucht die Führungskraft, die Untergebenen durch eine Machtposition zu einem bestimmten Verhalten zu beeinflussen. Diese Machtposition leitet sich ab aus der betrieblichen Hierarchie mit klaren Über- und Unterordnungen. Dabei trifft die Führungskraft ihre Entscheidungen allein und erteilt den unterstellten Mitarbeiterinnen und Mitarbeitern entsprechende Anweisungen. Von diesen erwarten sie absoluten Gehorsam und Disziplin. Die Mitarbeiter/-innen werden als Produktionsfaktoren betrachtet und sind in erster Linie Befehlsempfänger/-innen. Das Verhältnis zwischen Führungskraft und Untergebenen ist eher distanziert. Der autoritäre Führungsstil war in der Vergangenheit vorherrschend, jedoch ist er bis heute vielfach anzutreffen, etwa dann, wenn unbeliebte Entscheidungen durchzusetzen sind oder ein deutliches Bildungsgefälle zwischen Führungskräften und Untergebenen besteht.

Patriarchalischer Führungsstil

Der Patriarch (griechisch: Stammvater, Erzvater) war in der Geschichte der Menschheit das Familien- und Stammesoberhaupt, das für seine Familie verantwortlich war. Der patriarchalische Führungsstil ist eng verwandt mit dem autoritären Führungsstil, da auch der Patriarch einen absoluten Herrschaftsanspruch erhebt und die Entscheidungen selbst trifft. Jedoch fühlt er sich zur väterlichen Fürsorge gegenüber seinen Untergebenen verpflichtet, die er als „seine Kinder“ betrachtet. Entsprechend führt der Patriarch seine Untergebenen zwar streng, aber zugleich wohlwollend und respektvoll und fühlt sich diesen gegenüber verantwortlich. Im Gegenzug erwartet er von ihnen Gehorsam, Loyalität und Treue. Das Gleiche gilt für Matriarchinnen.

Kooperativer Führungsstil

Beim kooperativen Führungsstil betrachtet die Führungskraft die unterstellten Mitarbeiterinnen und Mitarbeiter als gleichwertig und begegnet ihnen daher respektvoll und auf Augenhöhe. Hier steht nicht die Hierarchie, sondern die partnerschaftliche Zusammenarbeit und das gemeinsame Verfolgen betrieblicher Ziele im Vordergrund. Da die Führungskraft die unterstellten Mitarbeiterinnen und Mitarbeiter in Entscheidungsprozesse einbezieht, ist der kooperative Führungsstil von Natur aus partizipativ[1]. Dabei kann der Grad der Partizipation unterschiedlich bemessen werden, wie folgende Varianten des kooperativen Führungsstils zeigen:

- **Beratender Führungsstil:** Die Führungskraft berät sich mit ihren Untergebenen, an deren Meinung sie interessiert ist, die Entscheidung trifft sie jedoch am Ende allein.
- **Demokratischer Führungsstil:** Die Führungskraft gibt Entscheidungsbefugnisse an die Untergebenen ab. Dabei kann sie den Prozess der Entscheidungsfindung moderieren.

Bürokratischer Führungsstil

Beim bürokratischen Führungsstil werden die Untergebenen durch ein System von schriftlichen Dokumenten (Anordnungen, Regeln, Vorschriften, Richtlinien, Prozessbeschreibungen usw.) geführt. Die Informationen fließen vorrangig auf formellen und i. d. R. schriftlichen Wegen (z. B. Anweisungen per E-Mail, Abgabe von Berichten). Der bürokratische Führungsstil ist häufig im öffentlichen Dienst anzutreffen.

Laissez-faire-Führungsstil

Beim Laissez-faire-Führungsstil (frz. laissez faire: lassen Sie machen) verzichtet der bzw. die Vorgesetzte auf jegliche Art von Führung („Nichtführungsstil“) und gewährt dem Team den größtmöglichen Handlungsspielraum. Die Untergebenen werden als erwachsene und reife Individuen betrachtet, die ihre Aufgaben selbstverantwortlich erledigen und durch die gewährten Freiheiten und das in sie gesetzte Vertrauen motiviert werden. Die Führungskraft sieht ihre Aufgabe vorrangig in der Bereitstellung der erforderlichen Infrastruktur und Arbeitsbedingungen. Informationen fließen eher zufällig, die Untergebenen kontrollieren sich selbst.

---

1 partizipativ: unter Beteiligung der Betroffenen stattfindend

Projekt: Schulungsvideo

Herr Pinkawa, Leiter der Personalabteilung, benötigt ein anschauliches Schulungsvideo für die Führungskräfte in der Decker GmbH. Das Video soll anhand einer konkreten betrieblichen Entscheidungssituation das Führungskontinuum nach Tannenbaum & Schmidt veranschaulichen, welches für Führungskräfte von grundlegender Bedeutung ist.

Detailanforderungen

- Im Video spielen die Schülerinnen und Schüler des Teams alle Rollen.
- Das Video dauert maximal 12 Minuten.
- Wesen und Unterschiede der sieben Führungsstile gemäß Infotext werden deutlich.

ARBEITSAUFTRÄGE

Erstellen Sie das Schulungsvideo in Teams mit 4 bis 6 Mitgliedern. Gehen Sie dazu folgendermaßen vor:

- Lesen Sie den nachfolgenden Infotext.
- Entwerfen Sie eine betriebliche Entscheidungssituation.
- Diskutieren und entwickeln Sie das Grobkonzept (Aufbau, roter Faden) des Videos.
- Verfassen Sie das Drehbuch (empfohlen: tabellarische Auflistung der geplanten Szenen, Szenenbeschreibungen/Skizzen, geplante Dialoge).
- Organisieren Sie alle erforderlichen Ressourcen (Räumlichkeiten, Stativ, Kamera, Beleuchtung, Textilien, Requisiten usw.).
- Drehen Sie alle Szenen.
- Prüfen Sie alle Szenen und nehmen Sie erforderliche Nachdreharbeiten vor.
- Schneiden Sie Ihr Video.
- Speichern Sie das Ergebnis im MOV- oder MP4-Format ab.

Infotext: Führungsstil-Kontinuum nach Tannenbaum & Schmidt[1]

Der Grundgedanke

Tannenbaum und Schmidt stellen in ihrem vielbeachteten Aufsatz „A Leadership Pattern“ zu der Frage, wer die betrieblichen Entscheidungen trifft, ein Modell der Führungsstile mit dem Gegensatzpaar autokratisch[2] (bzw. autoritär) und demokratisch[3] vor, welche nahezu stufenlos ineinander übergehen: Beim autokratischen (autoritären) Führungsstil trifft der/die Vorgesetzte die Entscheidungen allein, beim demokratischen Führungsstil als Extremform des kooperativen Führungsstils liegt die Entscheidung allein beim Team. Dabei werden in einem kontinuierlichen Übergang insgesamt sieben Führungsstile unterschieden, deren Grad an Autorität (bzw. Autokratie) immer weiter abnimmt und deren Grad an Partizipation immer weiter zunimmt:

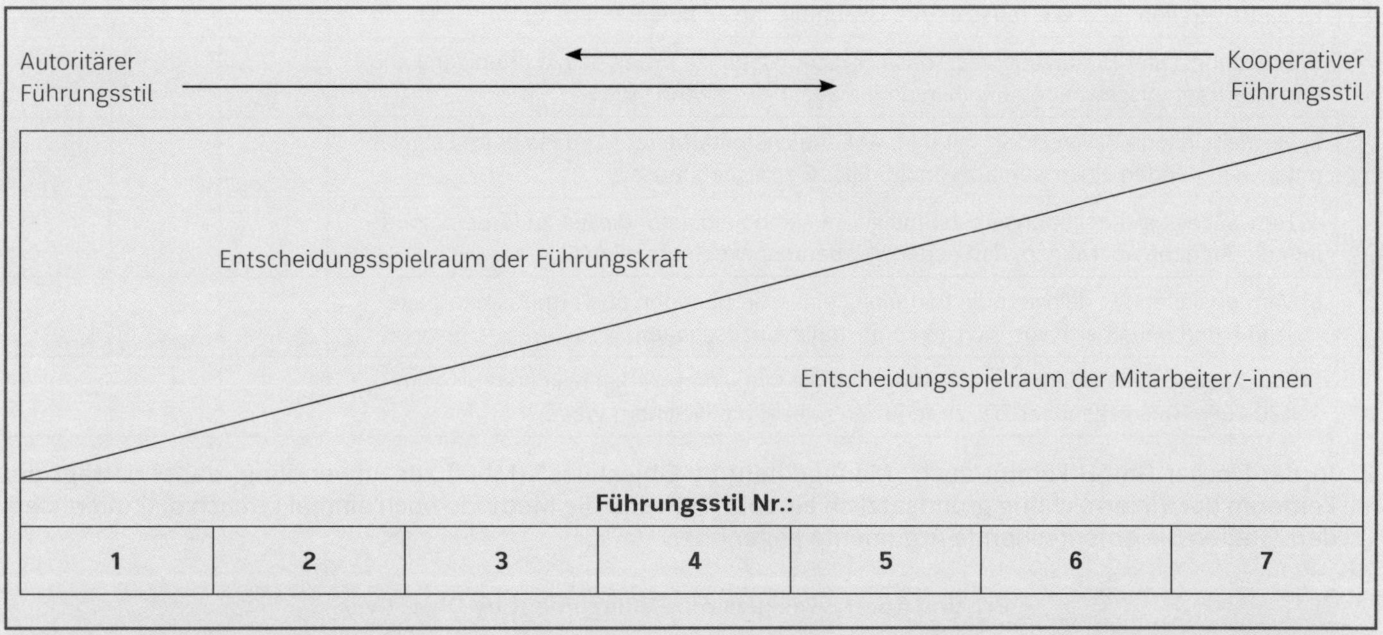

Die Führungsstile im Einzelnen

1 **Die Führungskraft trifft eine Entscheidung und verkündet sie:** Die Untergebenen werden lediglich über die getroffene Entscheidung in Kenntnis gesetzt. Für die Führungskraft ist nicht relevant, was die unterstellten Mitarbeiterinnen und Mitarbeiter über diese Entscheidung denken.
2 **Die Führungskraft „verkauft“ ihre Entscheidung:** Die Führungskraft trifft eine Entscheidung und versucht, ihr Team von dieser Entscheidung zu überzeugen und mögliche Widerstände abzubauen.
3 **Die Führungskraft präsentiert ihre Entscheidung und lädt zu Fragen ein:** Durch die Beantwortung von Fragen ermöglicht die Führungskraft ihrem Team, die Gründe für die Entscheidung nachzuvollziehen.
4 **Die Führungskraft präsentiert ihre vorläufige Entscheidung:** Das Team kann auf eine vorläufige Entscheidung der Führungskraft noch Einfluss nehmen, bevor sie die endgültige Entscheidung trifft.
5 **Die Führungskraft präsentiert das Problem, sammelt Vorschläge und trifft eine Entscheidung:** Bei den bisherigen Führungsstilen wurde dem Team eine Entscheidung vorgestellt. Hier ist es die Aufgabe des Teams, alternative Lösungsvorschläge zu unterbreiten, die Führungskraft wählt dann den besten Lösungsvorschlag aus. Auf diese Weise nutzt sie die Kompetenzen der einzelnen Teammitglieder.
6 **Die Führungskraft steckt Grenzen ab und bittet das Team, eine Entscheidung zu treffen:** Hier entscheidet das Team – innerhalb der von der Führungskraft gesteckten Grenzen – selbstständig . Dabei kann die Führungskraft dem Team als Gleiche unter Gleichen angehören.
7 **Die Führungskraft erlaubt dem Team, eine freie Entscheidung zu treffen:** Das Team kann völlig frei entscheiden, es muss lediglich Vorschriften höherer Hierarchieebenen berücksichtigen. Dieser Führungsstil eignet sich zum Beispiel bei hochqualifizierten Forscherteams.

---

1 vgl. Robert Tannenbaum, Warren H. Schmidt: How to Choose a Leadership Pattern, in: Harvard Business Review, Band 36, Heft 2, Seite 95 ff., Brighton Massachusetts, 1958
2 Autokratie (altgriechisch: Selbstherrschaft): unbeschränkte Machtausübung einer Person oder einer Personengruppe
3 Demokratie (altgriechisch: Volksherrschaft): Beteiligung bzw. Teilhabe (Partizipation) des Volkes an der Machtausübung

2 Anwenden klassischer Führungsmethoden

ARBEITSAUFTRÄGE

Bearbeiten Sie die Arbeitsaufträge mithilfe des nachfolgenden Infotextes.

1. Ordnen Sie folgende Fälle den entsprechenden Management-by-Konzepten zu.

Fälle	MbD	MbE	MbO
a) Abteilungsleiterin T. im Einkauf lässt ihrem Sachbearbeiter freie Hand. Erst ab einem Einkaufswert von 50.000 € muss er ihre Genehmigung einholen.			
b) Abteilungsleiter Braun stellt fest, dass er nicht die ganze Arbeit selbst erledigen kann, und überträgt ausgewählte Aufgaben an die Sachbearbeiterin Frau K.			
c) Vertriebsleiterin L. vereinbart mit dem Außendienstmitarbeiter M., dass er im Folgejahr mit seinen Kunden einen Umsatz von 2,5 Mio. € erreichen muss.			
d) Herr S. zeigt sich recht unselbstständig. Um seine Selbstständigkeit zu fördern, wird ihm die Aufgabe übertragen, den neuen Werbeprospekt zu erstellen.			
e) Vertriebsleiterin L. delegiert die Betreuung eines Großkunden an Vertriebsmitarbeiter Herrn M. und behält sich vor, sich im Konfliktfalle einzuschalten.			
f) Frau X, Leiterin der Marketingabteilung, soll die jährlichen Marketingkosten bis zum 1.1.20.. um 10 % gegenüber 20.. zu reduzieren, egal auf welchem Wege.			

2. In der Decker GmbH kommt auch „Management by Objectives" (MbO) zur Anwendung, dabei beträgt der Zeitraum der Zielerreichung grundsätzlich ein Jahr. Nun soll die Methode noch einmal kritisch diskutiert werden. Stellen Sie entsprechende Argumente gegenüber.

Pro und Kontra-Diskussion: Management by Objectives	
Pro	**Kontra**

3. **Rollenspiel:** Die Leiterin der Marketingabteilung, Frau Lehmann, hat den Gruppenleiter Herrn Schulte zu einem Feedbackgespräch eingeladen. Lesen Sie noch einmal die Feedbackregeln im nachfolgenden Infotext und notieren Sie während des Rollenspiels, was Ihnen gut gefällt und was Sie anders machen würden.

Infotext: Klassische Führungsmethoden (Führungstechniken)

Management-by-Konzepte

Management-by-Konzepte sind alternative Konzepte zur Führung des betrieblichen Personals. Es gibt eine Vielzahl sogenannter Management-by-Konzepte. Die wichtigsten sind:

- **Management by Delegation (MbD):** Hier werden klar abgegrenzte Aufgaben bzw. Aufgabenbereiche sowie entsprechende Befugnisse auf die unterstellten Mitarbeiterinnen und Mitarbeiter übertragen bzw. *delegiert*.[1] Diese sollen die übertragenen Aufgaben bzw. Aufgabenbereiche innerhalb eines vorgegebenen Rahmens selbstständig bearbeiten. Dabei kann es sich sowohl um einmalige Aufgabenstellungen als auch um dauerhafte Aufgabengebiete handeln. Durch diese Führungsmethode sollen einerseits die Führungskräfte entlastet und andererseits Eigeninitiative und Verantwortungsbewusstsein der unterstellten Mitarbeiterinnen und Mitarbeiter gefördert werden.
- **Management by Exception (MbE):** Dabei handelt es sich um eine Abwandlung des Management-by Delegation-Konzepts. Hier werden ebenfalls Aufgaben bzw. Aufgabenbereiche an die unterstellen Mitarbeiterinnen und Mitarbeiter delegiert und ebenso ein allgemeingültiger Rahmen definiert, in dem diese frei entscheiden und handeln dürfen. Jedoch greift hier die Führungskraft in Ausnahmefällen (z. B. außergewöhnliche Entscheidungen oder unerwartete Problemsituationen) ein.
- **Management by Objectives (MbO):** Hier werden keine Aufgaben übertragen, sondern Ziele festgelegt, welche aus den Unternehmenszielen abgeleitet werden. Diese Ziele (meistens betriebliche Kennzahlen) sollen von den Mitarbeiterinnen und Mitarbeitern bis zu einem vereinbarten Termin erreicht werden. Im Idealfall vereinbart die Führungskraft die Ziele gemeinsam mit den unterstellten Mitarbeiter-/innen in sogenannten „Zielvereinbarungsgesprächen“ (siehe unten). In der Praxis werden die Ziele aber oft auch vorgegeben. Die Hauptaufgabe der Führungskraft liegt bei dieser Methode in der Vorbereitung, Durchführung und Dokumentation der Zielvereinbarungsgespräche. Die Ziele sollten „SMART-Regel“ formuliert werden. Dabei steht SMART für „spezifisch“ (präzise und unmissverständlich), „akzeptiert“ (seitens der Mitarbeiterinnen und Mitarbeiter), „realistisch“ (tatsächlich erreichbar) und „terminiert“ (kalendarisch präzise festgelegt). Die Mitarbeiter/-innen sollen selbstständig planen und entscheiden, auf welchem Weg sie diese Ziele erreichen.

Mitarbeitergespräche

Mitarbeitergespräche werden von den Führungskräften in den einzelnen Bereichen und Abteilungen mit den unterstellten Mitarbeiterinnen und Mitarbeitern geführt. Die Personalabteilung kann dazu allgemeine Richtlinien (z. B. zu Aufbau und Ablauf des Gesprächs) vorgeben:

- **Zielvereinbarungsgespräch:** In diesen Gesprächen werden die Ziele des Management by Objectives (MbO) vereinbart (siehe oben).
- **Personalentwicklungsgespräch:** In Personalentwicklungsgesprächen zeigt die Führungskraft den Mitarbeiterinnen und Mitarbeitern individuelle Karriereperspektiven auf.
- **Feedbackgespräch:** Die Führungskraft gibt den unterstellten Mitarbeiter/-innen periodisch ein Feedback (Rückmeldung). Dieses kann sich auf das Verhalten, die Leistung oder auf Arbeitsergebnisse beziehen. Ziel des Feedbackgesprächs ist es, dem Feedbacknehmer bzw. der Feedbacknehmerin eine Orientierung und damit eine wichtige Lernchance zu geben. Dabei sind auf beiden Seiten folgende Regeln zu beachten:

Feedbackregeln: Feedbackgeber/-in
• Positives Feedback voranstellen (sofern möglich). • Das Feedback konkret und präzise formulieren (keine Verallgemeinerungen). • Das Verhalten nur beschreiben (nicht bewerten). • Negatives Feedback sensibel und einfühlsam formulieren (z. B. über Ich-Botschaften). • Nur änderbares Verhalten thematisieren (keine unveränderlichen Merkmale).
Feedbackregeln: Feedbacknehmer/-in
• Das Feedback nur anhören, nicht rechtfertigen oder kommentieren. • Bei Unklarheiten nachfragen. • Am Ende für das Feedback bedanken, da es eine Lernchance ist. • Überzeugende Aspekte merken, wenig überzeugende Aspekte vergessen.

1 delegare (lat.): jemanden zu etwas beauftragen

3 Beschreiben agiler Führungsmethoden

Personalleiter Herr Pinkawa hört immer öfter, dass moderne Unternehmen auf „agiles Management" und auf „agile Führung" setzen. Aus diesem Grunde plant er eine Besprechung zu diesem Thema mit dem Ziel, Wesen und Eignung agiler Managementmethoden für die Decker GmbH herauszuarbeiten. Eingeladen sind Herr Heise (Leiter der IT-Abteilung), Frau May (Mitarbeiterin der IT-Abteilung) und Herr Poltig (Sachbearbeiter im Vertrieb). Frau May wurde vor wenigen Monaten von einem IT-Unternehmen abgeworben.

Pinkawa: Hallo zusammen! Schön, dass Sie die Zeit gefunden haben. Wie Sie wissen, möchte ich heute mit Ihnen die Frage diskutieren, ob und in welchem Maße auch wir auf agile Führung umstellen sollten. Sagen Sie mir: Ist agile Führung ein Modetrend oder die Zukunft?

Poltig: Ich habe im Vorfeld schon mal im Internet recherchiert und festgestellt, dass agiles Management sehr verbreitet ist. Ich glaube, die meisten Unternehmen arbeiten schon agil, denn die meisten Seiten, die ich dazu finden konnte, empfehlen agile Führung bzw. agiles Management.

Heise: Wo haben Sie denn Recherchieren gelernt?

Poltig: Was wollen Sie damit sagen?

Heise: Sie müssen sich doch bei jeder Internetseite fragen: „Wer schreibt das – und mit welchem Ziel?" Von wem kommen denn Ihre Informationen?

Poltig: Das habe ich jetzt nicht im Einzelnen nachgeprüft. Ist das denn so wichtig?

Heise: Was glauben Sie denn? Sie finden im Internet zu dem Thema doch überwiegend kommerziell motivierte Webseiten: Anbieter von Seminaren, Software und Beratungsdienstleistungen. Die wollen natürlich ihre Produkte verkaufen. Agiles Management ist ein Riesenmarkt!

Poltig: Das mag ja sein, aber Sie finden da viele interessante Informationen zu dem Thema.

Heise: Welche denn? Was haben Sie denn herausgefunden?

Poltig: Zum Beispiel, dass „agil" für beweglich bzw. wendig steht. Agiles Management reagiert viel flexibler auf Umweltveränderungen als klassisches Management.

Pinkawa: Schön, aber was genau bedeutet das denn konkret? Wie geht agil?

Poltig: Ich kann ja mal vorlesen, was ich mir da rausgeschrieben habe, zum Beispiel: „Vertrauen ins Team, Wertschätzung gegenüber dem Team, konstruktives Feedback, konstruktiv mit Fehlern umgehen, die Mitarbeiterinnen und Mitarbeiter unterstützen und zum selbstständigen Problemlösen motivieren, Entscheidungen ins Team delegieren, Kunden einbeziehen ..."

Heise: Lieber Herr Poltig, das ist doch nichts Neues! Das ist doch nur alter Wein in neuen Schläuchen! Das alles machen wir doch alles schon lange.

May: Vielleicht darf ich hier mal einhaken, ich glaube, so kommen wir nicht weiter.

Pinkawa: Bitte Frau May, Sie haben da ja schon Erfahrungen gesammelt.

May: Tatsächlich wird unter dem Begriff „agil" heute alles und jedes verkauft. Alle wollen agil sein, der Begriff ist ja positiv besetzt. Dadurch wird der Kerngedanke aber verwässert – was schade ist, denn es gibt ja gute Gründe für agiles Management, insbesondere in IT-Projekten.

Heise: Ach ja? Welche denn?

May: Schon seit vielen Jahren gibt es in IT-Projekten, vor allem in der Softwareentwicklung, das Problem, dass sich die Kundenanforderungen an das Produkt im Laufe des Projekts ständig ändern – entweder, weil dem Kunden im Projektverlauf etwas Neues einfällt oder weil sich das Umfeld ändert und das Produkt bei Fertigstellung schon veraltet ist. In den klassisch gemanagten Projekten mussten die Programmierer immer wieder fertige Produkte ändern und waren völlig entnervt.

Pinkawa: Das kommt mir bekannt vor ...

May: Hinzu kommt, dass das Qualitätsmanagement von den Unternehmen verlangte, alle betrieblichen Prozesse zu definieren und alles mögliche ausführlich zu dokumentieren. So wurden die Betriebe immer unflexibler und verloren viel Zeit mit der Dokumentation. Und aus all diesen Gründen haben ein paar US-amerikanische Ingenieure im Jahr 2001 die Reißleine gezogen und für Projekte der Softwareentwicklung das agile Manifest verfasst.

Heise: Es gibt ein agiles Manifest? Was steht denn da drin?

May: Das agile Manifest ist eine Art Grundgesetz des agilen Projektmanagements mit vier Grundwerten, die kenne ich schon auswendig: „Individuen und Interaktionen sind wichtiger als Prozesse und Werkzeuge; funktionierende Software ist wichtiger ist als eine umfassende Dokumentation; Zusammenarbeit mit dem Kunden ist wichtiger als Vertragsverhandlungen; Reagieren auf Veränderungen ist wichtiger als das Befolgen eines Plans.“ Gut, was?

Heise: Das klingt ja alles ganz schön, aber was ist denn nun agiles Management genau? Das, was Herr Poltig uns vorhin vorgelesen hat, ist ja nichts Neues.

May: Das ist richtig, viele Elemente des agilen Managements sind nicht neu. Neu ist aber die Art und Weise, wie diese Elemente in agilen Methoden eingesetzt und gestaltet werden.

Pinkawa: Nun mal Butter bei die Fische: Können Sie uns so eine agile Methode mal vorstellen?

May: In meinem letzten Betrieb haben wir mit Scrum gearbeitet, die verbreitetste agile Methode. Aber ein Scrum-Seminar kann ich jetzt leider nicht aus dem Ärmel schütteln.

Pinkawa: Verständlich, aber vielleicht können Sie uns grundlegende Merkmale dieser agilen Methoden verraten? Sie können das ja an Scrum veranschaulichen, wenn Sie das schon kennen.

May: Gerne! Ein wichtiges Merkmal agiler Methoden sind selbstorganisierte Teams, also Teams, die völlig selbstverantwortlich arbeiten. Bei Scrum gibt es einheitliche Rollen für die Teammitglieder, welche auch die Führungsaufgaben untereinander aufteilen. Zum Beispiel den Scrum Master, der auf die Einhaltung der Methode achtet und Hindernisse aus dem Weg räumt. Eine Projektleitung gibt es bei Scrum übrigens nicht.

Heise: Wie bitte? Ein Projekt ohne Projektleitung? Und das soll funktionieren?

May: Wir haben damit gute Erfahrungen gemacht! Das wohl wichtigste Merkmal agiler Methoden ist das iterative Vorgehen, also das Entwickeln des Produkts in einer Abfolge vieler kleiner Iterationen bzw. Schritte. Diese werden bei Scrum als Sprints bezeichnet. Sprints dauern maximal 30 Tage, dann ist ein Teilprodukt fertig. Anschließend beginnt der nächste Sprint. So nähert man sich dem Endprodukt Sprint für Sprint immer weiter an.

Heise: Oha, das ist wirklich neu. Wir haben bislang unsere Projekte immer in vier Phasen eingeteilt, also in die Definitions-, Planungs-, Realisierungs- und die Abschlussphase.

May: Genau – und da gab es ja immer das Problem, dass die Kunden schon zu Projektbeginn in der Definitionsphase ihre Anforderungen an das Endprodukt präzise festlegen mussten. Weil das aber in einer sich laufend ändernden Umwelt kaum möglich ist, haben die Kunden dann im späteren Projektverlauf immer wieder Änderungswünsche nachgeschoben. Und das führt uns zum nächsten Merkmal agiler Methoden, dem dynamischen Anforderungsmanagement: Die Kundenanforderungen werden bei Scrum zu Projektbeginn nur grob erfasst und dann Sprint für Sprint gemeinsam mit dem Kunden immer weiter verfeinert.

Heise: Was denn, der Kunde ist dabei?

May: Ja, die Einbeziehung des Kunden ist ein weiteres Merkmal agiler Methoden: Bei Scrum wird der Kunde in jedem Sprint persönlich eingeladen und ihm jedes Mal ein lauffähiges Teilprodukt vorgestellt. Auf diese Weise kann das Team schnell und flexibel auf seine Änderungswünsche reagieren – und darum geht es ja im agilen Management. Wenn der Kunde mal keine Zeit hat, übernimmt das der Product Owner, eine weitere Rolle im Scrum-Team.

Pinkawa: Verstehe ich das richtig: Man arbeitet sich Schritt für Schritt sowohl an das Endprodukt als auch an die endgültigen Kundenanforderungen heran?

May: Das kann man so sagen, ja. Ein anderes Merkmal ist die transparente Kommunikation: Alle Teammitglieder sollen so gut wie möglich über alle Entwicklungen informiert sein. Dazu gibt es die Daily Stand-up-Meetings, auch Daily Scrum genannt, ein tägliches Kurzmeeting von maximal 15 Minuten, das im Stehen abgehalten wird. Ein zentrales Instrument ist dabei das Scrum Board, auf dem alle sehen können, welche Aufgabe sich in welchem Stadium befindet.

Heise: Gute Sache, das gebe ich zu. Aber warum soll konstruktives Feedback neu sein, wie Herr Poltig gerade sagte? Feedbackrunden haben wir doch schon seit vielen Jahren.

May: Ja, aber nur hier und da mal. Engmaschige Feedbacks und Reflexionen sind ein weiteres Merkmal agiler Methoden. Bei Scrum stellt das Team kurz vor Ende eines jeden Sprints dem Kunden das fertige Teilprodukt des Sprints vor und erhält dazu von diesem sofort ein Feedback. Und am Sprintende reflektiert das Team intern, ob die Prozesse im abgelaufenen Sprint optimiert werden können. Beides passiert verlässlich in jedem einzelnen Sprint!

Pinkawa: Keine schlechte Idee: So hat man kontinuierlich ein Feedback und eine Reflexion.

May: Ganz genau. Und ein letztes Merkmal des agilen Managements ist die schlanke Organisation. Also eine flache Hierarchie, kleine Teams und eine minimale Dokumentation.

Poltig: Ich finde das gut. So wären wir schneller und flexibler.

Pinkawa: Auf jeden Fall ein interessanter Ansatz. Und wie sieht nun die „agile Führung" genau aus?

May: Das können Sie jetzt logisch ableiten: Agiles Führen heißt zuerst einmal, erforderliche Voraussetzungen und Freiräume für agiles Arbeiten zu schaffen. Zeitgleich müssen geeignete agile Methoden wie zum Beispiel Scrum ausgewählt und im Unternehmen eingeführt werden. In den einzelnen Projekten sind dann sämtliche Aufgaben und Entscheidungsbefugnisse an das Team zu delegieren. Schließlich unterstützen und coachen die Führungskräfte ihre Teams und räumen alle Arten von Hindernissen aus dem Weg. Und nicht zu vergessen: Die Führungskräfte müssen ihr Team für eine gemeinsame Vision begeistern.

Pinkawa: Ich glaube, da müssten unsere Führungskräfte aber ganz schön umdenken, oder?

May: Davon können Sie wohl ausgehen. Die brauchen ja alle erst mal ein agiles Mindset.

Heise: Agiles Mindset? Was ist das denn nun wieder?

May: Eine Denkweise oder Gesinnung: Agile Führungskräfte müssen offen sein für Veränderungen. Und sie müssen ihren Teams vertrauen. Und ebenso wichtig ist die Fehlerkultur: Man muss Fehler machen dürfen und auch zugeben dürfen, denn aus Fehlern lernt man am meisten.

Pinkawa: Wenn das alles so toll ist, sollten wir dann nicht alle unsere Projekte agil managen?

May: So weit würde ich nicht gehen. Gewöhnlich wendet man agile Methoden immer dann an, wenn die Kundenanforderungen unklar und instabil sind. Außerdem ist agiles Management an einige Voraussetzungen gebunden, die bei vielen Projekten aber gar nicht gegeben sind.

Heise: Hört, hört! Und was sind das für Voraussetzungen?

May: Die Produkte müssen bis zum Projektende form- und knetbar sein, was ja in IT-Projekten gewöhnlich der Fall ist. An einer Software können Sie auch kurz vor Projektende noch grundlegende Änderungen vornehmen, aber ein Kraftwerk oder eine Autobahnbrücke können Sie nicht agil bauen. Außerdem geht das nur mit kleinen, hochmotivierten Teams, deren Teammitglieder nicht gleichzeitig in anderen Projekten arbeiten. Und die Führungskräfte müssen bereit sein, auf hierarchisch begründete Weisungsbefugnisse zu verzichten. Dazu kommt, dass der Kunde sich auf diese Methode einlassen muss, denn ist er ja Iteration für Iteration dabei. Überdies muss der Kunde mit der Ungewissheit leben können, denn in agilen Projekten legen Sie sich zu Projektbeginn weder auf das Endprodukt noch auf Projekttermine noch auf einen Preis fest.

Pinkawa: Allerbesten Dank, Frau May, damit haben Sie uns wirklich weitergeholfen! Ich glaube, da haben wir alle etwas dazu gelernt. Soweit erst mal. Ich wünsche allerseits einen schönen Tag!

ARBEITSAUFTRÄGE

Bearbeiten Sie die Arbeitsaufträge mithilfe des nachfolgenden Infotextes.

1. Lesen Sie die Beiträge der Teilnehmer/-innen der Besprechung mit verteilten Rollen.
2. Prüfen Sie im Rahmen einer Internetrecherche, ob Herr Helse recht hat mit seiner Behauptung, dass Informationen zu agiler Führung vorrangig von kommerziellen Anbietern publiziert werden.
3. Welche Probleme führten zur Forderung nach einem agilen Management in Projekten?

4. Wie lauten die vier Grundwerte des agilen Manifestes?

5. Benennen Sie grundlegende Merkmale agiler Methoden und konkretisieren Sie diese am Beispiel Scrum.

Merkmale agiler Methoden	Konkretisierung am Beispiel Scrum (Stichworte)

6. Listen Sie auf, welche konkreten Aufgaben mit agiler Führung verbunden sind.

7. Beschreiben Sie, was man unter einem „agilen Mindset“ versteht.

Infotext: Scrum

Definition

Scrum ist die bekannteste und verbreitetste agile Methode zum Managen von Projekten, bei denen sich die Kundenanforderungen und auch das Umfeld laufend ändern können. Dabei wird das Projekt iterativ, also in vielen kleinen Schritten abgearbeitet, die als **„Sprint“** bezeichnet werden (siehe Abbildung).

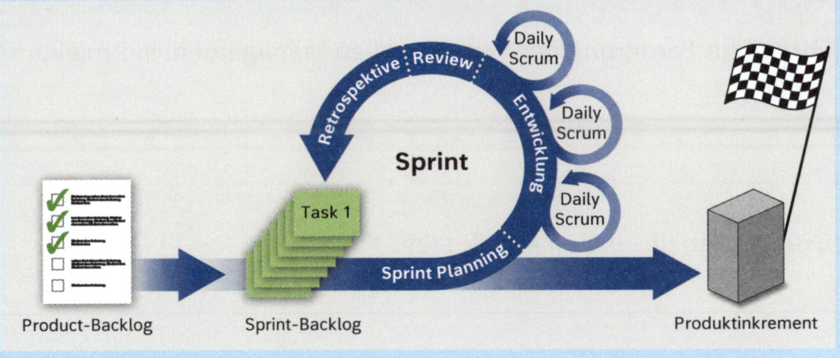

Artefakte (Produkte und Dokumente)

- **Product Backlog:** Katalog sämtlicher Kundenanforderungen, der zu Projektbeginn grob formuliert und dann Sprint für Sprint immer weiter präzisiert wird. Die Kundenanforderungen werden in Form sogenannter „User Stories“ aus Sicht des Kunden formuliert. Beispiel Softwareentwicklung: *„Als Einkäufer möchte ich den aktuellen Lagerbestand aller Artikel einsehen können.“*
- **Sprint Backlog:** Sammlung aller Aufgaben, die in einem Sprint zu erledigen sind. Es wird im „Sprint Planning“ in Form einer Liste oder direkt am Scrum Board (siehe unten) erstellt.
- **Produktinkrement:** Funktionsfähiges Teilprodukt, das im Sprintverlauf entwickelt wird

Events (Aktivitäten)

- **Sprint Planning:** Planung zu Beginn eines jeden Sprints, in der die Anforderungen (User Stories) aus dem Backlog in konkrete Aufgaben („Tasks“) übersetzt werden, Ergebnis ist das Sprint Backlog
- **Daily Scrum:** Tägliches Kurzmeeting von maximal 15 Minuten, das im Stehen vor dem Scrum Board abgehalten wird. Jedes Mitglied beantwortet darin 3 Fragen: *Was habe ich seit dem letzten Daily Scrum erreicht? Was will ich bis zum nächsten Daily Scrum erreichen? Welche Hindernisse sehe ich?*
- **Sprint Review:** Präsentation des Produktinkrements gegenüber dem Kunden in jedem Sprint
- **Sprint Retrospective:** Teaminterne Reflexion des abgelaufenen Sprints zu Sprintende

Das Scrum Board (Task Board) stellt für das Team gut sichtbar den Arbeitsfortschritt dar. Es zeigt, welche Kundenanforderungen (User Stories) aus dem Backlog im aktuellen Sprint umzusetzen sind. Die User Stories werden in Aufgaben (Tasks) übersetzt, welche gemäß dem Stand ihrer Fertigstellung unter To do, In Progress oder Done eingeordnet werden.

SCRUM BOARD

Sprintziel: Entwicklung Steuerungsmodul

Product Backlog (User Stories)	Tasks in Wartestellung (To do)	Tasks in Arbeit (In Progress)	Abgeschlossene Tasks (Done)
User Story A	*Task* *Task*	*Task* *Task*	*Task* *Task*
User Story B	*Task* *Task*	*Task*	*Task*
User Story C	*Task* *Task*	*Task*	

Rollen

- **Product Owner:** vertritt den Kunden im Scrum-Team, führt und erklärt das Product Backlog und ist für den wirtschaftlichen Erfolg des Projekts verantwortlich
- **Entwicklungsteam:** 3 bis 8 Fachleute, die das Produkt selbstständig entwickeln
- **Scrum Master:** Methoden-Coach/-in für das Scrum-Team und Beseitiger/-in von Hindernissen

4 Motivieren des Personals über ein Anreizsystem

Um die Motivation des Personals der Decker GmbH in den einzelnen Abteilungen nicht dem Zufall zu überlassen, plant der Leiter der Personalabteilung, Herr Pinkawa, den Aufbau eines Anreizsystems. Dieses soll wichtige Motivationstheorien berücksichtigen.

ARBEITSAUFTRÄGE

Bearbeiten Sie die Aufgaben mithilfe des nachfolgenden Infotextes.

1. Unterbreiten Sie Vorschläge für Arbeitsanreize für das Personal der Decker GmbH. Unterscheiden Sie dabei materielle Anreize (Anreize durch Geld- und Sachleistungen) und immaterielle Anreize.

Vorschläge für ein Anreizsystem
Materielle Anreize
Immaterielle Anreize

2. Entwickeln Sie ein Grobkonzept für ein differenziertes Anreizsystem für die Decker GmbH unter Berücksichtigung der Ergebnisse von Arbeitsauftrag 1. Prüfen Sie, ob eine Differenzierung nach Individualanreizen, Gruppenanreizen und Unternehmensanreizen sinnvoll ist.

Infotext: Motivationstheorien

Motivationsbegriff

Die Motivation (lat. motus: Bewegung, Antrieb) ist die Gesamtheit der in einer Handlung wirksamen Motive. Dabei ist jedes Motiv ein Beweggrund des Verhaltens, welches darauf gerichtet ist, bestimmte Ziele zu erreichen. Vereinfacht gesagt ist Motivation der Antrieb zur Erreichung von Zielen. Man unterscheidet:

- **Intrinsische Motivation:** Eine Person ist aus Interesse oder Freude an der Sache zu einer bestimmten Handlung motiviert. Die Handlung wird also um ihrer selbst willen durchgeführt. Beispiele: Melina reitet gerne, Ben will so lange wie möglich mit dem Computer spielen. Intrinsische Motivation ist gewöhnlich nachhaltig.
- **Extrinsische Motivation:** Eine Person ist zu einer bestimmten Handlung motiviert, um eine Belohnung (z. B. eine Prämie) zu erhalten oder eine Bestrafung (z. B. soziale Ausgrenzung) zu vermeiden. Beispiele: Melina lernt für ihr Abitur, weil ihre Eltern ihr im Falle des Erfolgs ein Pferd versprochen haben. Ben lernt für eine Klausur, weil er im Falle des Misserfolgs verschärft Ärger mit seinem Vater bekommt. Extrinsische Motivation ist weniger nachhaltig als intrinsische Motivation: Sie endet gewöhnlich mit Erhalt der Belohnung bzw. Vermeidung der Bestrafung.

X-Y-Theorie nach McGregor

Die X-Y-Theorie nach Douglas McGregor stellt zwei Theorien gegenüber, die mit unterschiedlichen Menschenbildern verbunden sind:

- **Theorie X**: Der Mensch hat von Natur aus eine Abneigung gegenüber der Arbeit und geht ihr möglichst aus dem Weg. Er verfügt kaum über Ehrgeiz und scheut Verantwortung. Entsprechend möchte er an die Hand genommen und angeleitet werden. Ohne Druck, strenge Kontrollen und Sanktionen wird er nicht tätig.
- **Theorie Y**: Arbeit ist so natürlich wie Spiele und Ruhezeiten. Der Mensch findet von Natur aus Zufriedenheit in seiner Arbeit, Motivationsprobleme sind vorrangig auf schlechte Arbeitsbedingungen zurückzuführen. Sind die Arbeitsbedingungen in Ordnung, so wollen Menschen Verantwortung übernehmen und Ziele erreichen, um sich in der Arbeit zu verwirklichen. Dazu bringen sie auch die erforderliche Selbstdisziplin auf.

X-Mitarbeiter/-innen verlangen eher einen autoritären Führungsstil, für Y-Mitarbeiter/-innen ist ein kooperativer Führungsstil geeigneter. McGregor selbst ist der Meinung, dass Führungspersonen vorrangig die Y-Theorie zugrunde legen und Möglichkeiten des selbstbestimmten Arbeitens ausbauen sollten, auch wenn das Verhalten einiger Mitarbeiter/-innen mit der X-Theorie erklärt werden kann. Diese sollten nach und nach in Richtung Y geführt werden, um optimale Resultate und höchstmögliche Arbeitszufriedenheit zu erlangen.

Bedürfnispyramide nach Maslow

In der Bedürfnispyramide nach Abraham Maslow werden menschliche Bedürfnisse (= Motive) hierarchisch in fünf Bedürfnisebenen eingeordnet:

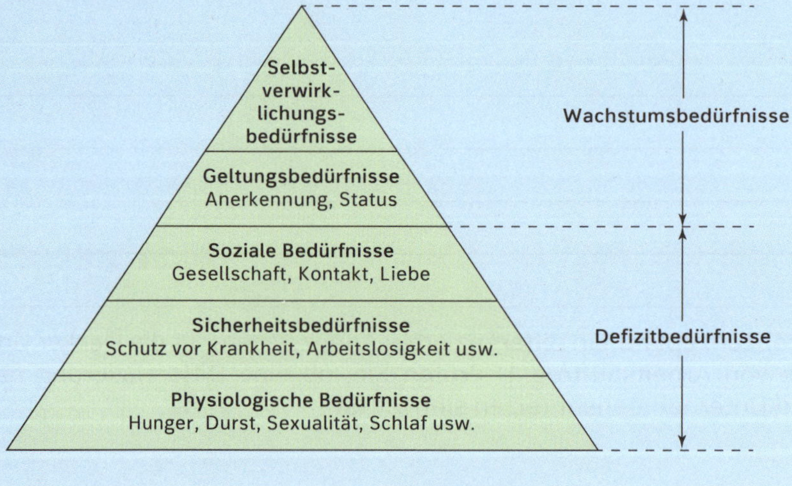

Maslow unterstellt in seiner Theorie, dass der Mensch zunächst versucht, die Bedürfnisse der niedrigeren Stufe zu befriedigen, bevor die nächsthöhere Stufe sein Handeln antreibt. Dabei werden zwei Gruppen von Bedürfnissen unterschieden:

- **Defizitbedürfnisse**: Dazu gehören die physiologischen Bedürfnisse, die Sicherheitsbedürfnisse und die sozialen Bedürfnisse. Sind diese nicht oder nicht ausreichend befriedigt, so nimmt der Mensch einen Mangel (Defizit) wahr und er ist motiviert, diesen Mangel zu beseitigen. Mit der Beseitigung des Mangels aber erlischt das Motiv, der Mensch wird nicht mehr angetrieben.
- **Wachstumsbedürfnisse**: Dazu gehören die Anerkennungsbedürfnisse und die Selbstverwirklichungsmotive. Diese werden erst handlungswirksam, wenn die Defizitbedürfnisse befriedigt sind. Wachstumsbedürfnisse lassen sich nach dieser Theorie, anders als die Defizitbedürfnisse, jedoch niemals endgültig befriedigen, sie sorgen für eine nachhaltige Motivation.

Zweifaktorentheorie nach Herzberg

Der amerikanische Psychologieprofessor Frederick Herzberg fand heraus, dass bestimmte betriebliche Anreize die Unzufriedenheit der Mitarbeiter/-innen reduzieren, ohne jedoch zu einer Arbeitszufriedenheit zu führen.

Beispiel: Wenn das Mittagessen in der Betriebskantine ungenießbar ist, wird das betriebliche Personal unzufrieden sein. Ist das Essen hingegen schmackhaft, ist das Personal zwar nicht unzufrieden – aber noch lange nicht zufrieden im Sinne einer nachhaltigen Arbeitszufriedenheit. Denn ein gutes Mittagessen halten die Beschäftigten für selbstverständlich.

Diese Ergebnisse führten zu der Idee, dass „Unzufriedenheit“ nicht das Gegenteil von „Zufriedenheit“ ist, sondern von „Nichtunzufriedenheit“, sodass zwei unabhängige Dimensionen unterschieden werden müssen:

Nichtunzufriedenheit ⟷ Unzufriedenheit

Zufriedenheit ⟷ Nichtzufriedenheit

Nichtunzufriedenheit ist also das Gegenteil von Unzufriedenheit und Zufriedenheit ist das Gegenteil von Nichtzufriedenheit. Herzberg unterscheidet entsprechend zwei Arten von Anreizen, die er als Faktoren bezeichnet:

- **Hygienefaktoren („Dissatisfiers“):** Diese stehen in keinem direkten Zusammenhang zum Arbeitsinhalt und können bestenfalls Unzufriedenheit verhindern, aber keine Arbeitszufriedenheit erzeugen. Sie werden als selbstverständlich betrachtet und häufig gar nicht bemerkt. Beispiele: Gehalt, Kantine, Büroausstattung, Arbeitsplatzsicherheit, Führungsstil, Work-Life-Balance.
- **Motivatoren („Satisfiers“):** Diese stehen in direktem Zusammenhang zum Arbeitsinhalt und können Motivation und Arbeitszufriedenheit erzeugen. Beispiele: Erfolgserlebnisse, Anerkennung, Aufstieg, Verantwortung, Entfaltungsmöglichkeiten, Karriereperspektiven.

Für Führungskräfte bedeutet das: Gute Hygienefaktoren sind nur eine notwendige, aber nicht hinreichende Voraussetzung für Arbeitszufriedenheit. Damit die Mitarbeiter/-innen nachhaltig zufrieden sind, müssen neben entsprechenden Hygienefaktoren auch angemessene Motivatoren angeboten werden.

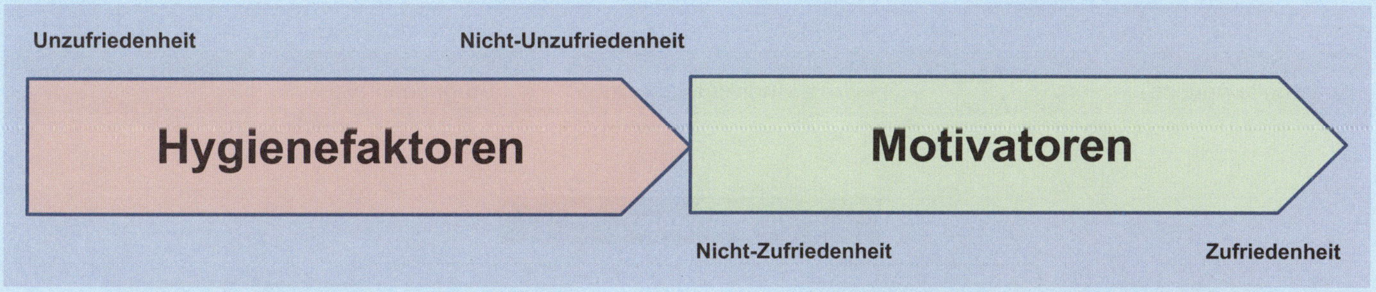

Kompaktwissen

Führungsstile

- autoritär
- kooperativ
- patriarchalisch
- bürokratisch
- laissez-faire

Klassische Methoden der Mitarbeiterführung

- **Management-by-Konzepte**
  - Management by Delegation
  - Management by Exception
  - Management by Objectives
- **Mitarbeitergespräche**
  - Zielvereinbarungsgespräch
  - Feedbackgespräch
  - Entwicklungsgespräch

Klassische Methoden der Teamführung

- **Teambildung**
  - Teamzielkatalog
  - Teamregelkatalog
  - To-do-Liste
- **Teambesprechungen**
  - Statusbesprechung
  - Feedbackrunde
  - Konfliktgespräch

Aufgaben einer agilen Führung

- das Team für eine Vision begeistern
- agile Methoden auswählen und einführen
- Voraussetzungen und Freiräume schaffen
- Aufgaben und Entscheidungen delegieren
- Teams unterstützen und coachen
- Hindernisse aller Art beseitigen

Anreizsysteme

- **Anreizarten**
  - materielle Anreize
  - immaterielle Anreize
- **Anreizempfänger**
  - Individualanreize
  - Gruppenanreize
  - Organisationsweite Anreize

Motivation

- **Motivationsarten**
  - intrinsisch
  - extrinsisch
- **Motivationstheorien**
  - X-Y-Theorie
  - Bedürfnisypyramide
  - Zweifaktorentheorie

Vertiefungsaufgaben

1. Kreuzen Sie zu jeder Aussage an, ob sie richtig oder falsch ist, und erläutern Sie im Falle falscher Aussagen die tatsächliche Sachlage.

Aussage	richtig	falsch	Begründung, wenn falsch
a) Beim autoritären Führungsstil steht die hierarchisch begründete Machtposition im Vordergrund.			
b) Der kooperative Führungsstil hat von Natur aus einem partizipativen Charakter.			
c) Der kooperative Führungsstil ist immer auch ein demokratischer Führungsstil.			
d) Das Gegenteil des autokratischen (autoritären) Führungsstils ist der demokratische Führungsstil.			
e) „MbD" steht für „Management by Directives" (Vorgaben durch höhere Hierarchieebenen)			
f) Beim Management by Objectives (MbO) dürfen die Ziele beliebig formuliert werden.			
g) Beim Feedbackgespräch sollte der Feedbacknehmer/die Feedbacknehmerin sein/ihr Verhalten begründen dürfen.			

2. Erläutern Sie, warum Führungskräfte mit einem kooperativen Führungsstil frühzeitig deutlich machen sollten, wer am Ende die Entscheidungen trifft.

3. Erläutern Sie, welche Voraussetzungen beim Einsatz agiler Methoden gegeben sein müssen.

4. Grenzen Sie folgende Begriffe aus der Motivationstheorie ab:

   a) Intrinsische und extrinsische Motivation

   b) Defizitbedürfnisse und Wachstumsbedürfnisse in der Bedürfnispyramide nach Maslow

   c) Hygienefaktoren und Motivatoren in der Zweifaktorentheorie nach Herzberg

5. Kreuzen Sie für folgende Maßnahmen zur Mitarbeitermotivation an, welche Ebene der Bedürfnispyramide aus Ihrer Sicht angesprochen wird (1 = unterste Ebene) und um welchen der zwei Faktoren es sich handelt.

Betriebliche Maßnahme	Bedürfnispyramide					Zweifaktorentheorie	
	1	2	3	4	5	Hygienefaktoren	Motivatoren
a) Bereitstellen von Liegen in einem Ruheraum							
b) lobende Worte nach guter Arbeit							
c) Übertragen umfangreicher Kompetenzen							
d) Fördern von Möglichkeiten der Teamarbeit							
e) Einrichten einer Betriebskantine							
f) Einbeziehen der Untergebenen bei Entscheidungen							
g) Managen innerbetrieblicher Konflikte							
h) Aussprechen einer Arbeitsplatzgarantie							
i) Einbeziehen von Neigungen und Talenten							
j) Schutzhelmpflicht im Lager							
k) stilvoll gestaltete Räume im Verwaltungstrakt							
l) Erhöhen des Gehalts							

I Personalfreistellung

Praxisfall „Decker GmbH“

1 Überprüfen der Kündigung einer Mitarbeiterin

Frau Kremer ist alleinerziehende Mutter von zwei Kindern und seit acht Jahren bei der Decker GmbH als Sachbearbeiterin im Einkauf beschäftigt. Am 25. März erhält sie folgendes Schreiben ihres Arbeitgebers:

Köln, 24. März 20..

Sehr geehrte Frau Kremer,

leider müssen wir Ihr Arbeitsverhältnis zum 30. Juni beenden.

Die Entscheidung ist uns nicht leichtgefallen, doch sowohl die Absatzsituation als auch strukturelle Änderungen in unserem Hause zwingen uns, eine der Sachbearbeiterstellen in der Einkaufsabteilung aufzulösen.

Der Betriebsrat ist am 23. März informiert worden.

Für Ihren weiteren beruflichen Werdegang wünschen wir Ihnen alles Gute.

Pinkawa

Pinkawa
Personalleitung

Frau Kremer ist bestürzt. Als Mutter von zwei Kindern hat sie hohe monatliche Belastungen, die einige andere Mitarbeiter/-innen, welche Jahre nach ihr in das Unternehmen gekommen sind, nicht tragen müssen. Dabei denkt sie vor allem an Frau Lampe, die erst seit Juni des Vorjahres bei der Decker GmbH arbeitet und im Büro des Lagers tätig ist. Frau Lampe ist 16 Jahre jünger als Frau Kremer und hat keine Kinder. Frau Kremer hat Frau Lampe schon mehrfach im Urlaub vertreten und wäre bereit, auch ihren Arbeitsplatz zu übernehmen.

Von Frau Schramm erfährt Frau Kremer am Telefon, dass der Betriebsrat der Kündigung mit der Begründung widersprochen hat, bei der Auswahl der zu kündigenden Arbeitnehmerin seien soziale Gründe nicht ausreichend berücksichtigt worden.

Mit der Begründung, ihre Kündigung verstoße gegen das Kündigungsschutzgesetz, erhebt Frau Kremer am 17. April Klage beim Arbeitsgericht.

ARBEITSAUFTRÄGE

Beantworten Sie die Fragen mithilfe der nachfolgenden Infotexte.

1. Ist ein Kündigungsschreiben in dieser Form rechtlich möglich?

2. Handelt es sich um eine ordentliche oder um eine außerordentliche Kündigung? Begründen Sie Ihre Antwort.

3. Hat die Decker GmbH die gesetzliche Kündigungsfrist eingehalten?

4. Welche rechtliche Konsequenz zieht der Widerspruch des Betriebsrates in diesem Falle nach sich?

5. Ist die Kündigung sozial gerechtfertigt im Sinne des § 1 Kündigungsschutzgesetz?

6. Erhebt Frau Kremer rechtzeitig Klage beim Arbeitsgericht? Prüfen Sie die damit verbundenen rechtlichen Konsequenzen.

Infotext: Ordentliche Kündigung und Kündigungsschutz

Wesen der ordentlichen Kündigung

Die ordentliche Kündigung ist eine einseitige und empfangsbedürftige Willenserklärung zur Auflösung des Arbeitsverhältnisses. Sie kann vom Arbeitgeber ebenso wie von Arbeitnehmerseite ausgesprochen werden. Dabei muss der Wille des/der Kündigenden eindeutig formuliert werden, jedoch müssen weder die Kündigungsgründe noch das Wort „Kündigung" enthalten sein. Gemäß § 622 BGB sind bei der ordentlichen Kündigung nachfolgende Kündigungsfristen einzuhalten, sofern keine längeren Fristen vereinbart worden sind[1]:

Kündigungsfristen	
a) Kündigungsfristen für beide Parteien (Arbeitgeber- und Arbeitnehmerseite) • grundsätzliche Regelung: 4 Wochen zum 15. oder Ende eines Kalendermonats • während einer Probezeit von höchstens 6 Monaten: 2 Wochen (taggenau)	
b) Kündigungsfristen für den Arbeitgeber bei Bestehen des Arbeitsverhältnisses	
von 2 Jahren:	1 Monat zum Ende des Kalendermonats
von 5 Jahren:	2 Monate zum Ende des Kalendermonats
von 8 Jahren:	3 Monate zum Ende des Kalendermonats
von 10 Jahren:	4 Monate zum Ende des Kalendermonats
von 12 Jahren:	5 Monate zum Ende des Kalendermonats
von 15 Jahren:	6 Monate zum Ende des Kalendermonats
von 20 Jahren:	7 Monate zum Ende des Kalendermonats

Formale Voraussetzungen

Eine ordentliche Kündigung muss alle der nachfolgenden formalen Voraussetzungen erfüllen, um rechtswirksam zu sein. Ist auch nur eine dieser Voraussetzungen nicht gegeben, so ist die Kündigung unwirksam:

- **Schriftform:** Die Kündigung bedarf der Schriftform mit eigenhändiger Unterschrift des Arbeitgebers bzw. einer entsprechend vertretungsberechtigten Person (z. B. Leitung Personalabteilung), die elektronische Form (E-Mail, Fax usw.) ist nicht möglich (§ 623 BGB).
- **Zugang:** Die Kündigung muss „zugegangen" sein. Sie gilt dann als zugegangen, wenn sie in den „tatsächlichen Verfügungsbereich" des Empfängers/der Empfängerin gelangt ist, in dem er oder sie unter normalen Umständen die Möglichkeit zur Kenntnisnahme hatte (übliche Briefkasten- oder Postfachleerung, Aushändigung des Kündigungsschreibens usw.).
- **Anhörung des Betriebsrats vor der Kündigung:** Der Arbeitgeber muss den Betriebsrat vor Ausspruch der Kündigung anhören und ihn über die Kündigungsgründe informieren. Der Betriebsrat kann der ordentlichen Kündigung unter Berufung auf einen der folgenden fünf Gründe innerhalb einer Woche schriftlich widersprechen (§ 102 (3) BetrVG):
  - Der Arbeitgeber hat bei der Auswahl des zu kündigenden Arbeitnehmers soziale Gründe nicht ausreichend berücksichtigt.
  - Die Kündigung verstößt gegen Richtlinien, die über die personelle Auswahl bei Kündigungen zwischen Arbeitgeber und Betriebsrat vereinbart wurden.
  - Der Arbeitnehmer kann an einem anderen Arbeitsplatz im selben Betrieb oder in einem anderen Betrieb des Unternehmens weiterbeschäftigt werden.
  - Die Weiterbeschäftigung des Arbeitnehmers ist nach zumutbaren Umschulungs- oder Fortbildungsmaßnahmen möglich.
  - Die Weiterbeschäftigung des Arbeitnehmers ist unter geänderten Vertragsbedingungen, zu denen er sein Einverständnis erklärt hat, möglich.

1 In der Vergangenheit waren bei der Berechnung der Beschäftigungsdauer Zeiten, die vor der Vollendung des 25. Lebensjahres liegen, gemäß § 622 nicht zu berücksichtigen. Diese Regelung wurde durch ein Urteil vom Europäischen Gerichtshof am 19. Januar 2010 aufgehoben.

Der Widerspruch des Betriebsrats unter Berufung auf einen der oben genannten Gründe verpflichtet den Arbeitgeber, den Arbeitnehmer auf dessen Verlangen unter unveränderten Arbeitsbedingungen bis zum Ende eines bevorstehenden Kündigungsschutzprozesses weiter zu beschäftigen. Das kann für den Arbeitnehmer von entscheidender Bedeutung sein, weil solche Prozesse sehr lange dauern können. Stellt das Arbeitsgericht dann fest, dass der Widerspruch unberechtigt war, so endet mit der Rechtskraft des gerichtlichen Urteils das Arbeitsverhältnis, der gekündigte Arbeitnehmer muss aber seine Vergütung nicht zurückzahlen.[1]

Kann der Betriebsrat keinen Widerspruch mit obiger Begründung einlegen, so kann er lediglich seine Bedenken äußern, sein Einverständnis mit der Kündigung erklären oder auch schweigen. In allen drei Fällen beginnt die Kündigungsfrist mit Zugang der Kündigung.

Besonderer Kündigungsschutz

Für bestimmte Personengruppen gelten besonders strenge Schutzvorschriften, die in verschiedenen Arbeitnehmerschutzgesetzen geregelt sind:

- **Mitglieder des Betriebsrats und der Jugend- und Auszubildendenvertretung:** Eine ordentliche Kündigung während der Dauer der Amtszeit und noch für den Zeitraum eines Jahres danach ist nicht möglich (§ 15 KschG).
- **Arbeitnehmerinnen, die unter den Mutterschutz fallen:** Frauen während der Schwangerschaft und bis 4 Monaten nach der Entbindung darf nicht ordentlich gekündigt werden, sofern dem Arbeitgeber zum Zeitpunkt der Kündigung die Schwangerschaft bzw. Entbindung bekannt war oder innerhalb von 2 Wochen nach Zugang der Kündigung mitgeteilt wird (§ 9 (1) MuSchG).
- **Arbeitnehmer/-innen in Elternzeit (Erziehungsurlaub):** Eltern darf während der Elternzeit nicht ordentlich gekündigt werden. Der Kündigungsschutz beginnt mit dem Antrag auf Elternzeit (jedoch höchstens 8 Wochen vor Beginn der Elternzeit) und endet mit Ablauf der Elternzeit (§ 18 BEEG).
- **Schwerbehinderte:** Schwerbehinderten darf nur mit Zustimmung des Integrationsamts ordentlich gekündigt werden (§ 85 SGB IX). Die Zustimmung wird gewöhnlich verweigert, wenn sich die Kündigung auf die Schwerbehinderung oder damit verbundene Folgen bezieht. Der/Die Schwerbehinderte muss jedoch rechtzeitig einen entsprechenden Antrag beim Integrationsamt gestellt haben.
- **Auszubildende nach der Probezeit:** Auszubildenden nach der Probezeit kann nicht ordentlich gekündigt werden (§ 22 BBiG).

Allgemeiner Kündigungsschutz

Alle Arbeitnehmer/-innen genießen den allgemeinen Kündigungsschutz nach § 1 Kündigungsschutzgesetz (KSchG), sofern das Arbeitsverhältnis länger als 6 Monate ohne Unterbrechung bestanden hat und der Betrieb regelmäßig mehr als 10 Mitarbeiter/-innen beschäftigt.[2] Der allgemeine Kündigungsschutz verlangt, dass eine Kündigung „sozial gerechtfertigt“ sein muss. Das ist dann der Fall, wenn der Kündigungsgrund ...

- ... in der **Person des Arbeitnehmers/der Arbeitnehmerin** liegt: *„Er/Sie will, kann aber nicht.“* Dieser Fall tritt ein, wenn Arbeitnehmer/-innen unverschuldet nicht in der Lage sind, ihre Arbeit zu erledigen. Der Normalfall der personenbedingten Kündigung besteht in einer Krankheit. Beispielsweise wenn ein Bauarbeiter nach einem Bandscheibenvorfall keine schweren Gegenstände mehr heben kann. Voraussetzung: Die Weiterbeschäftigung der/des Beschäftigten muss für den Arbeitgeber unzumutbar sein (z. B. bei Dauererkrankungen oder absehbar häufigen Ausfällen). Einmalige Krankheiten mit Aussicht auf vollständige Heilung rechtfertigen noch keine personenbedingte Kündigung.
- ... im **Verhalten des Arbeitnehmers/der Arbeitnehmerin** liegt: *„Er/Sie kann, will aber nicht.“* Dieser Fall tritt ein, wenn Arbeitnehmer/-innen gegen arbeitsvertragliche Pflichten verstoßen. Dazu gehören neben Verletzung der Hauptpflichten (Zuspätkommen, unentschuldigtes Fehlen, Missachtung von Weisungen, unbefugtes Verlassen des Arbeitsplatzes usw.) auch Verletzungen der Nebenpflichten (verspätete Anzeige kankheitsbedingter Arbeitsunfähigkeit, verspätete Vorlage der Arbeitsunfähigkeitsbescheinigung, falsche Dokumentation der Arbeitszeit, Störung des Betriebsfriedens usw.). **Voraussetzungen:** Die Weiterbeschäftigung der Person muss für den Arbeitgeber unzumutbar sein und der Kündigung muss in aller Regel

1 Die Gerichtskosten trägt die unterliegende Partei. Die außergerichtlichen Kosten, etwa für Rechtsvertretungen, trägt unabhängig vom Ausgang des Prozesses in der ersten Instanz vor dem Arbeitsgericht jede Partei selbst.

2 Sofern das Arbeitsverhältnis bereits am 31.12.2003 bestanden hat, liegt die Grenze bei fünf Beschäftigten.

mindestens eine Abmahnung vorausgegangen sein. Faustregel: „Keine Kündigung ohne Abmahnung." Ein unbedeutender Fehler oder ein einmaliges Fehlverhalten rechtfertigen noch keine verhaltensbedingte Kündigung. Liegt jedoch ein schwerer Vertrauensbruch vor, so ist die Abmahnung entbehrlich.

- ... in einem **betrieblichen Erfordernis** liegt: *„Er/Sie kann und will, darf aber nicht."* Dieser Fall tritt ein, wenn ein Arbeitsplatz wegfällt. Dabei spielt es keine Rolle, ob der Wegfall des Arbeitsplatzes auf innerbetriebliche Gründe (Rationalisierungsmaßnahmen, Umstrukturierungen usw.) oder auf außerbetriebliche Gründe (vor allem langfristige Auftragsrückgänge) zurückzuführen ist. **Voraussetzungen:** Die Weiterbeschäftigung an einem anderen Arbeitsplatz des Unternehmens – ggf. nach zumutbaren Fortbildungsmaßnahmen – ist dem Arbeitgeber nicht möglich und bei der Auswahl der gekündigten Person wurden folgende soziale Aspekte ausreichend berücksichtigt („Sozialauswahl")[1]: Lebensalter, Dauer der Betriebszugehörigkeit, Unterhaltspflichten[2] (insbesondere bei alleinerziehenden Elternteilen) und Schwerbehinderung (falls der besondere Kündigungsschutz nicht greift).

Liegt keiner dieser drei Kündigungsgründe vor, so ist die Kündigung nach § 1 KSchG sozialwidrig und damit unwirksam, sofern die betroffene Person rechtzeitig Klage beim Arbeitsgericht einreicht.

Klage vor dem Arbeitsgericht

Die gekündigte Person muss in jedem Fall **innerhalb von drei Wochen** nach Zugang der schriftlichen Kündigung Klage beim zuständigen Arbeitsgericht erheben (§ 4 KSchG). Hält sie diese Frist nicht ein, so ist die Kündigung automatisch rückwirkend wirksam – selbst dann, wenn formale oder inhaltliche Voraussetzungen nicht vorlagen.[3]

Arbeitnehmer/-innen können die Kündigungsschutzklage selbst verfassen und beim Arbeitsgericht einreichen. Jedoch ist das Risiko, juristische Fehler zu begehen, erheblich. Deswegen sollten sie besser eine der folgenden Fachpersonen einschalten, die sie berät und die Klageschrift verfasst:

- rechtskundige Ansprechpartner/-innen beim Arbeitsgericht (kostenlos)
- Rechtssekretär/-in der gewerkschaftlichen Rechtsschutz-GmbH (nur für Gewerkschaftsmitglieder)
- Rechtsanwalt/-anwältin, im Idealfall Fachanwalt/-anwältin für Arbeitsrecht (Kosten in Höhe von ca. 250,00 bis 750,00 €)

Ist die Klageschrift formgerecht beim Arbeitsgericht eingereicht, so wird das Arbeitsgericht zunächst einen „Gütetermin" bestimmen, in dem eine Arbeitsrichterin oder ein Arbeitsrichter gemeinsam mit beiden Parteien versucht, eine gütliche Einigung zu erreichen. Gelingt das nicht, läuft der Prozess ungehindert weiter. Bis zur rechtskräftigen Beendigung des Prozesses bleibt aber immer auch eine gütliche Einigung möglich.

Eine erfolgreiche Kündigungsschutzklage bedeutet für den/die Arbeitnehmer/-in, dass er/sie in dem Unternehmen weiterbeschäftigt werden muss. Da die Weiterbeschäftigung aber für beide Parteien häufig nicht angenehm ist, zieht sie in der Praxis gewöhnlich eine Abfindung nach sich.

Im Vergleich zu anderen Ländern haben Arbeitnehmer/-innen in Deutschland eine starke Rechtsposition: Klagen vor dem Arbeitsgericht sind in vielen Fällen erfolgreich – nicht zuletzt deshalb, weil den Arbeitgebern immer wieder formale Fehler unterlaufen (z. B. Versäumnis der Anhörung des Betriebsrats).

---

1 Aus dieser Sozialauswahl können Arbeitnehmer/-innen ausgeschlossen werden, die aufgrund bestimmter Kenntnisse, Fähigkeiten oder Leistungen für den Betrieb unentbehrlich sind.

2 Der Unterhalt kann in Form von Unterkunft, Verpflegung, Kleidung, Geldmitteln usw. bereitgestellt werden.

3 Nur in bestimmten Fällen sind Ausnahmen möglich, diese sollen hier aber nicht vertieft werden.

Infotext: Außerordentliche Kündigung

Wesen

Die außerordentliche Kündigung ist gewöhnlich **fristlos** und kann nur dann ausgesprochen werden, wenn ein **„wichtiger Grund“** vorliegt, sodass die Fortsetzung des Dienstverhältnisses dem/der Kündigenden bis zum Ablauf einer Kündigungsfrist nicht zugemutet werden kann (§ 626 BGB).

Beispiele:
- für den Arbeitgeber: Diebstahl und andere Straftaten (es reicht der begründete Verdacht), beharrliche Arbeitsverweigerung, dauerndes Zuspätkommen, erschlichene Krankmeldung, Arbeitszeitbetrug, Verstoß gegen das arbeitsvertragliche Wettbewerbsverbot
- für Arbeitnehmer/-innen: Nichtzahlung des Lohns, Tätlichkeiten, Nötigung zu Gesetzesverstößen

Der/Die Kündigende entscheidet, ob er/sie eine ordentliche oder eine außerordentliche Kündigung ausspricht. Ob es sich beim Kündigungsgrund tatsächlich um einen „wichtigen Grund“ nach § 626 BGB handelt, entscheidet im Streitfall das Arbeitsgericht.

Formale Voraussetzungen

- **Kündigungszeitpunkt:** Die Kündigung muss innerhalb von zwei Wochen nach Kenntniserlangung des Kündigungsgrundes ausgesprochen werden.
- **Schriftform:** Die Kündigung bedarf der Schriftform mit eigenhändiger Unterschrift des Arbeitgebers bzw. einer entsprechend vertretungsberechtigten Person; die elektronische Form (E-Mail, Fax usw.) ist nicht möglich (§ 623 BGB).
- **Zugang:** Die Kündigung muss „zugegangen“ sein. Sie gilt dann als zugegangen, wenn sie in den „tatsächlichen Verfügungsbereich“ des Empfängers/der Empfängerin gelangt ist, in dem er/sie unter normalen Umständen die Möglichkeit zur Kenntnisnahme hatte (übliche Briefkasten- oder Postfachleerung, Aushändigung des Kündigungsschreibens usw.).
- **Anhörung des Betriebsrats vor der Kündigung:** Der Arbeitgeber muss den Betriebsrat vor Ausspruch der Kündigung anhören und ihn über die Kündigungsgründe informieren. Anders als bei der ordentlichen Kündigung kann der Betriebsrat der außerordentlichen Kündigung nicht widersprechen, sondern bestenfalls Bedenken äußern.
- **Abmahnung:** Grundsätzlich muss der Arbeitgeber den Arbeitnehmer bzw. die Arbeitnehmerin zuvor mindestens einmal vergeblich abgemahnt haben. Die Abmahnung entfällt im Falle eines schweren Vertrauensbruches (z. B. Diebstahl, Missbrauch einer Vollmacht).

Klage vor dem Arbeitsgericht

Auch hier müssen die Arbeitnehmer/-innen – wie bei der ordentlichen Kündigung – **innerhalb von drei Wochen** nach Zugang der Kündigung Klage beim Arbeitsgericht einreichen. Halten sie diese Frist nicht ein, so ist auch die außerordentliche Kündigung automatisch rückwirkend wirksam – selbst dann, wenn formale oder inhaltliche Voraussetzungen nicht vorlagen.[1]

1 Nur in bestimmten Fällen sind Ausnahmen möglich, diese sollen hier aber nicht vertieft werden.

2 Erarbeiten eines Prüfschemas zum Kündigungsschutz

ARBEITSAUFTRAG

Füllen Sie mithilfe des vorangehenden Infotextes das Prüfschema aus.

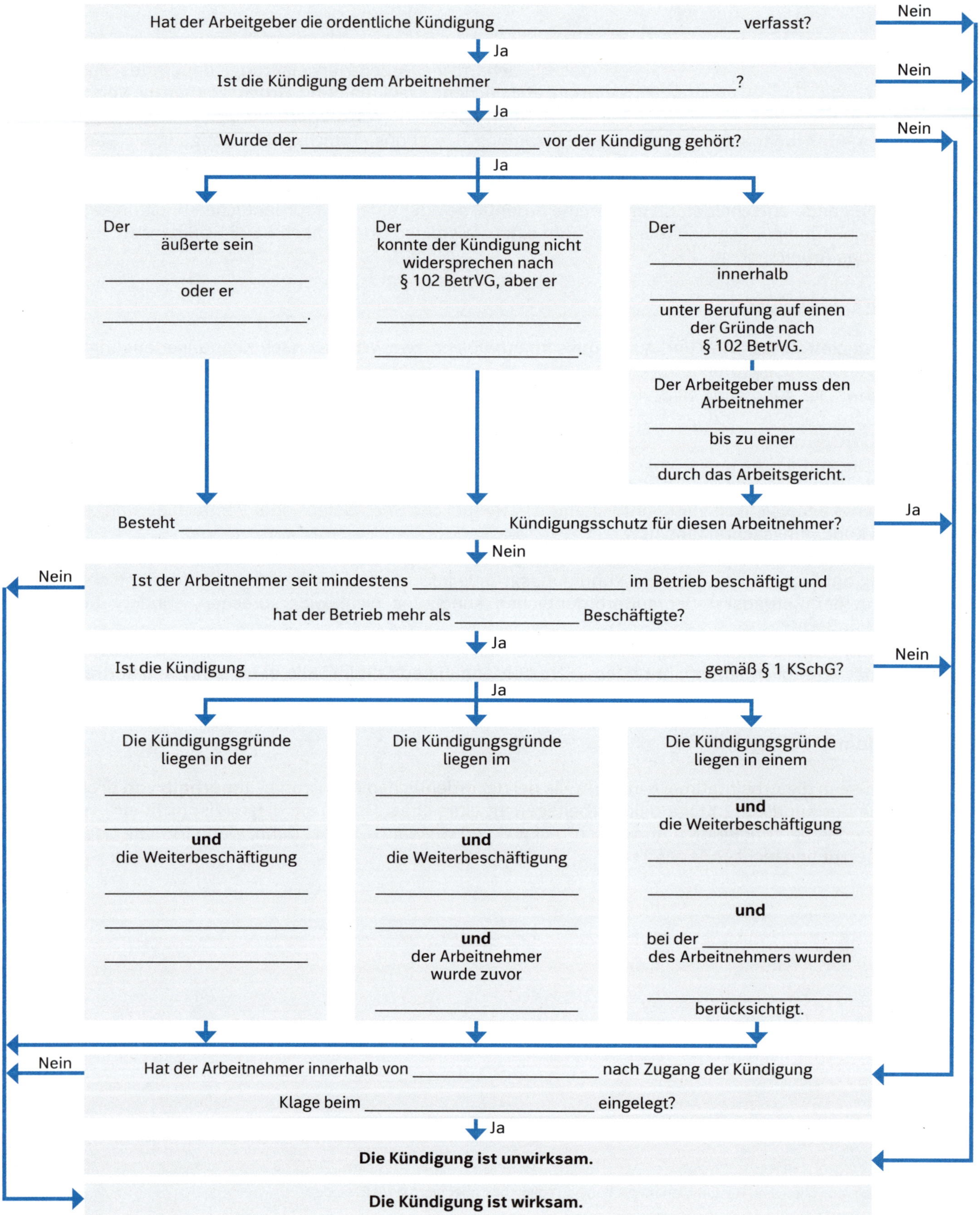

3 Bearbeiten von Fällen zum Kündigungsschutz

ARBEITSAUFTRAG

Tragen Sie die Lösungen zuerst mit Bleistift wie unten skizziert, später mit den entsprechenden Farben in durchgehenden Linien im Prüfschema (gegenüberliegende Seite) ein.

Fall 1: Herr Schwarz (- — — —)

Herr Schwarz, 35 Jahre alt, seit acht Jahren bei der Maschinenfabrik Kuhlmann GmbH (vierzig Beschäftigte) als Schlosser beschäftigt, wird am 14. September zum Ende des Monats Dezember schriftlich mit der Begründung gekündigt, sein Arbeitsplatz werde mit der Anschaffung neuer CNC-Systeme überflüssig, für deren Bedienung er leider nicht ausreichend qualifiziert sei. Der Betriebsrat wurde vor der Kündigung gehört und legte nach drei Tagen Widerspruch ein mit der Begründung, Schwarz sei bereit und in der Lage, sich durch eine Weiterbildungsmaßnahme für diesen Arbeitsplatz zu qualifizieren. Am 2. Oktober des Jahres reicht Schwarz beim Arbeitsgericht Klage ein.

Fall 2: Frau Blau (········)

Am 21. Dezember des Jahres wird Frau Blau (51), einzige Buchhalterin und seit vier Jahren Betriebsratsmitglied der Tischlerei Mohrmann KG (64 Beschäftigte), zum 31. Januar ordentlich in schriftlicher Form gekündigt mit der Begründung, ihre seit Jahren andauernde Krankheit mit den damit verbundenen Fehlzeiten sei für den Betrieb nicht mehr zumutbar. Der Betriebsrat wurde vor der Kündigung gehört und legte noch am selben Tag Widerspruch ein. Frau Blau, die seit acht Jahren bei der Mohrmann KG beschäftigt ist, erhebt am 2. Januar Klage beim Arbeitsgericht.

Fall 3: Herr Gelb (·-·-·-·-)

Herr Gelb (44), seit einem Jahr Mitarbeiter der Schröder KG (zwölf Beschäftigte), ist aufgrund seiner Alkoholabhängigkeit immer öfter nicht zum Dienst erschienen. Da die Unternehmensleitung diesen Zustand als nachweislich nicht mehr zumutbar einstuft, wird der Betriebsrat am 1. Januar darüber informiert, dass Gelb eine ordentliche Kündigung ausgesprochen werden solle. Der Betriebsrat wendet noch am selben Tage gegen diese Entscheidung ein, dass Gelb seinen Zustand nicht selbst verschuldet habe, sondern krank sei, und verweist auf ein entsprechendes Attest. Gelb wird dennoch am darauffolgenden Tag zum 15. Februar schriftlich gekündigt. Er erhebt am 10. Januar Klage beim Arbeitsgericht.

Fall 4: Frau Grün (∿∿∿)

Frau Grün (31) ist seit drei Jahren im Vertrieb des Pharmagroßhandels Fahrfix (zwanzig Beschäftigte) damit beschäftigt, Apotheken zu beliefern. Nachdem sie mehrfach Medikamente für den Eigengebrauch entwendet hat, erhält sie am 20. Mai eine schriftlich abgefasste ordentliche Kündigung zum 30. Juni von ihrer Personalabteilung mit der Begründung, eine Weiterbeschäftigung sei für das Unternehmen nicht zumutbar. Der Betriebsrat, der am 18. Mai gehört wurde, teilte dem Arbeitgeber am 25. Mai seine Bedenken mit. Frau Grün reicht am 25. Mai Klage beim Arbeitsgericht ein.

Fall 5: Frau Rot (ʌʌʌʌʌ)

Das Küchenmöbelunternehmen Pockenkohl aus Thüringen (dreihundert Beschäftigte) erfährt drastische Umsatzrückgänge, nachdem der russische Großkunde Pschrynowskaja (Nähe Nowosibirsk) seine Geschäftstätigkeit vollständig eingestellt hat. Der Arbeitsplatz von Frau Rot, die seit zwölf Jahren in der Exportabteilung tätig ist, wird daraufhin überflüssig. Am 8. Oktober des Jahres informiert die Unternehmensleitung den Betriebsrat über die geplante Kündigung. Am 10. Oktober erhält Frau Rot die schriftliche Kündigung und reicht noch am selben Tag Klage beim Arbeitsgericht ein. Der Betriebsrat widerspricht am 12. Oktober mit der Begründung, bei der Auswahl von Frau Rot seien soziale Gesichtspunkte unzureichend berücksichtigt worden. Frau Rot ist alleinerziehend und 50 Jahre alt. Als sie die Kündigung erhält, erklärt sie ihrem Anwalt, sie könne die Arbeit von Frau Schrull (35 Jahre alt, kein Kind) aus der Abteilung Einkauf übernehmen, da sie diese in den letzten Jahren ohnehin mehrfach vertreten hätte. Wie wird der Anwalt von Frau Rot argumentieren und wann wird er welche Schritte einleiten?

4 Beurteilen eines Arbeitszeugnisses

Da Frau Kremer mit ihren Leistungen zufrieden ist, hat sie sich für ein qualifiziertes Zeugnis entschieden. Nach etwa einer Woche wird ihr folgendes Zeugnis ausgehändigt:

Decker GmbH – Köln

Arbeitszeugnis

Frau Margarete Kremer, geboren am 12. Mai 1960 in Köln, war vom 1. Januar 19.. bis zum 30. Juni 20.. in unserem Unternehmen als Sachbearbeiterin im Einkauf beschäftigt.

Ihr Tätigkeitsbereich umfasste die Ermittlung von Bezugsquellen, die Einholung und Prüfung von Angeboten, die Bestellung von Rohstoffen und Handelswaren, die Überprüfung der Eingangsrechnungen sowie die Führung und Auswertung der Einkaufsstatistiken.

Wir lernten Frau Kremer als stets pünktliche Mitarbeiterin kennen, die mit großem Fleiß und Interesse ihre Arbeit erledigte. Die ihr übertragenen Aufgaben erledigte Frau Kremer im Großen und Ganzen zu unserer Zufriedenheit. Im Kollegenkreis galt Frau Kremer als umgängliche und tolerante Kollegin.

Frau Kremer verlässt uns aus organisatorischen Gründen.

Köln, 31. Mai 20..

Decker GmbH

Pinkawa

Pinkawa
Personalleiter

ARBEITSAUFTRÄGE

1. Fassen die Bewertung von Frau Kremer nach Ihrem Sprachgefühl zu einer Zeugnisnote zusammen: ________

2. Prüfen Sie mithilfe des nachfolgenden Infotextes, ob es sich um ein einfaches oder ein qualifiziertes Arbeitszeugnis handelt und begründen Sie Ihre Meinung.

3. Prüfen Sie mithilfe des nachfolgenden Infotextes, ob das Zeugnis formal in Ordnung ist.

Infotext: Arbeitszeugnis

Grundlagen

Arbeitnehmerinnen und Arbeitnehmer haben bei Beendigung eines dauernden Dienstverhältnisses einen Anspruch auf ein schriftliches Arbeitszeugnis, sofern sie es ausdrücklich verlangen. Der Anspruch ergibt sich aus § 630 Bürgerliches Gesetzbuch (BGB), § 109 Gewerbeordnung (GewO) und ggf. auch aus Tarifverträgen. Darüber hinaus haben Arbeitnehmer/-innen gemäß laufender Rechtsprechung auch dann einen Anspruch auf ein Zwischenzeugnis, wenn ein berechtigtes Interesse bzw. ein triftiger Grund besteht (Arbeitsplatzwechsel, Versetzung in eine andere Abteilung, Beförderung usw.). Das Arbeitszeugnis ist als schriftliches Dokument auszuhändigen, die elektronische Form (z. B. eine PDF-Datei) ist ausgeschlossen. Es muss mit einem Computer oder Schreibmaschine geschrieben und ordentlich und sauber sein. Arbeitnehmer/-innen können verlangen, dass es auf einem Geschäftsbogen erstellt wird.

Einfaches und qualifiziertes Arbeitszeugnis

Arbeitnehmer/-innen können zwischen einem einfachen und einem qualifizierten Arbeitszeugnis wählen:

Einfaches Arbeitszeugnis	Qualifiziertes Arbeitszeugnis
Dieses enthält Angaben • zur Person (Name, Geburtsjahr, Geburtsort) • zur Dauer der Beschäftigung • zur Art der Beschäftigung	Dieses enthält Angaben • zur Person (Name, Geburtsjahr, Geburtsort) • zur Dauer der Beschäftigung • zur Art der Beschäftigung • zu Führung[1] und Leistung

Für eine Bewerbung ist das qualifizierte Arbeitszeugnis üblich, das einfache Arbeitszeugnis hat eher den Charakter einer Bescheinigung bzw. eines Beschäftigungsnachweises.

Inhaltliche Anforderungen

Der Inhalt des Arbeitszeugnisses muss wahr sein und alle wesentlichen Tatsachen enthalten, die für eine Gesamtbeurteilung wichtig sind, sodass sich der zukünftige Arbeitgeber ein realistisches Bild von dem Bewerber bzw. der Bewerberin machen kann. Gleichzeitig soll das Arbeitszeugnis von „verständigem Wohlwollen“ des Arbeitgebers getragen sein und darf das berufliche Fortkommen der Arbeitnehmer/-innen nicht unverhältnismäßig erschweren. Um arbeitsrechtlichen Auseinandersetzungen in dieser Frage vorzubeugen, wählen die meisten Arbeitgeber selbst dann positiv klingende Zeugnisformulierungen, wenn sie eine negative Bewertung abgeben wollen. Auf diese Weise hat sich über die Jahre ein sogenannter „Zeugniscode“ entwickelt, welcher eine verschlüsselte Bewertung von Arbeitnehmenden ermöglicht (siehe Folgeseiten).

Aufbau eines qualifizierten Arbeitszeugnisses

- Überschrift („Arbeitszeugnis“)
- Einleitung (Angaben zur Person und zur Dauer der Beschäftigung)
- Beschreibung der Tätigkeit (konkrete Aufgaben und Verantwortungsbereiche)
- Beschreibung der Leistungen (z. B. Engagement, fachliche Kompetenzen, Erfolg)
- Beurteilung des Verhaltens (z. Auftreten, soziale Kompetenzen, Teamfähigkeit)
- Grund des Ausscheidens (z. B. auf eigenen Wunsch oder im gegenseitigen Einvernehmen)
- Schlussfloskel (Dank, Bedauern, Zukunftswünsche)

Unterschrift

Das Arbeitszeugnis ist vom Arbeitgeber oder dessen Bevollmächtigten handschriftlich zu unterschreiben. Die unterschreibende Person muss aus Sicht Dritter geeignet sein, die Verantwortung für die Beurteilung der Beschäftigten zu übernehmen. Die Stellung des oder der Unterschreibenden muss sich aus dem Zeugnis ablesen lassen. Schließlich muss die Unterschrift „ordnungsgemäß“ im Sinne von glaubwürdig sein. Eine überdimensionierte oder in Kinderschrift abgegebene Unterschrift könnte so gedeutet werden, dass sich der/die Unterschreibende vom Inhalt des Arbeitszeugnisses distanzieren wolle.

1 Unter „Führung“ versteht man das Verhalten im Arbeitsverhältnis, also das Sozialverhalten.

ARBEITSAUFTRÄGE

4. Tragen Sie die aufgeführten Zeugnisformulierungen in die entsprechenden Felder ein.

a) Zeugnisformulierung zur Gesamtbenotung

... stets zu unserer vollsten Zufriedenheit ...
... hat sich bemüht ...
... zu unserer vollen Zufriedenheit ...
... im Großen und Ganzen zu unserer Zufriedenheit ...
... zu unserer Zufriedenheit ...
... stets zu unserer vollen Zufriedenheit ...

Formulierung im Arbeitszeugnis	Tatsächliche Bewertung
	sehr gute Leistungen
	gute Leistungen
	befriedigende Leistungen
	ausreichende Leistungen
	mangelhafte Leistungen
	ungenügende Leistungen

b) Zeugnisformulierung zur erbrachten Leistung

... hat alle Arbeiten ordnungsgemäß erledigt ...
... erledigte alle Arbeiten mit großem Fleiß und Interesse ...
... seine Leistungen haben in jeder Hinsicht unsere vollste Anerkennung gefunden ...
... bemühte sich, den Anforderungen gerecht zu werden ...
... war wegen ihrer Pünktlichkeit ein gutes Vorbild ...
... hat sich im Rahmen seiner Fähigkeiten eingesetzt ...

Formulierung im Arbeitszeugnis	Tatsächliche Bewertung
	schwache Leistungen
	hat versagt
	tat, was er konnte, aber das war nicht viel
	sehr gute Leistungen
	war eifrig, aber nicht tüchtig
	Bürokratin ohne Initiative

c) Zeugnisformulierung zur Führung (Sozialverhalten)

... trug durch Geselligkeit zur Verbesserung des Betriebsklimas bei ...
... mit Vorgesetzten gut zurechtgekommen ...
... galt im Kollegenkreis als tolerante Mitarbeiterin ...
... zeigte für ihre Arbeit Verständnis ...
... bewies großes Einfühlungsvermögen ...
... war sehr tüchtig und wusste sich gut zu verkaufen ...
... galt als umgängliche Kollegin ...

Formulierung im Arbeitszeugnis	Tatsächliche Bewertung
	war unangenehm und überheblich
	angepasste/-r Mitläufer/-in
	für Vorgesetzte ein schwerer Brocken
	war unbeliebt
	stellt den Frauen nach
	war faul und leistete nichts
	neigt zu übertriebenem Alkoholgenuss

d) Zeugnisformulierung zum Grund des Ausscheidens

... das Ausscheiden erfolgt in gegenseitigem Einvernehmen ...
... das Ausscheiden bedauern wir außerordentlich ...
... das Ausscheiden erfolgt aus organisatorischen Gründen ...
... das Ausscheiden erfolgt auf eigenen Wunsch ...

Formulierung im Arbeitszeugnis	Tatsächliche Bewertung
	exzellente Mitarbeiterin, wir hätten sie gern behalten
	wenig aussagefähig, da der Person ggf. die Kündigung nahegelegt wurde
	ggf. vorgeschoben, Erkundigung wird empfohlen
	es gab ggf. Probleme, Erkundigung wird empfohlen

5. Übersetzen Sie nun das Zeugnis von Frau Kremer in Ihrem Heft und vergleichen Sie das Ergebnis mit Ihrer vorherigen Einschätzung. Kommen Sie zu demselben Ergebnis?

Kompaktwissen

Übersicht: Varianten der Personalfreistellung

Interne Personalfreistellung
- zeitliche: z. B. Kurzarbeit, Teilzeitarbeit
- örtliche: z. B. innerbetriebliche Versetzung
- qualitative: z. B. durch Fortbildungen

Externe Personalfreistellung
- Kündigung: einseitige Beendigung des Arbeitsverhältnisses
- Aufhebungsvertrag: einvernehmliche Auflösung des Arbeitsverhältnisses
- Outplacement: Kündigung in Verbindung mit professioneller Unterstützung

Kündigungsarten

Ordentliche Kündigung
Normalfall der Beendigung des Arbeitsverhältnisses mit Ablauf der gesetzlichen oder vertraglich vereinbarten Kündigungsfrist

Außerordentliche Kündigung
fristlose Kündigung bei Vorliegen eines wichtigen Grundes nach § 626 BGB

Änderungskündigung
Der Arbeitgeber kündigt einen Vertrag und bietet gleichzeitig die Fortsetzung des Arbeitsverhältnisses zu geänderten Bedingungen an.

Kündigungsschutz bei ordentlicher Kündigung

Besonderer Kündigungsschutz
Schutz bestimmter Personengruppen

Allgemeiner Kündigungsschutz (§ 1 Kündigungsschutzgesetz)
sozial gerechtfertigt sind nur:
- personenbedingte Kündigung
- verhaltensbedingte Kündigung
- betriebsbedingte Kündigung

Arten von Arbeitszeugnissen

nach inhaltlichem Umfang

einfaches Arbeitszeugnis
Angaben zu:
- Person
- Art der Beschäftigung
- Dauer der Beschäftigung

qualifiziertes Arbeitszeugnis
Angaben zu:
- Person
- Art der Beschäftigung
- Dauer der Beschäftigung
- Führung
- Leistung

nach Zeitpunkt der Ausstellung
- Zwischenzeugnis: Ausstellung ohne Beendigung des Arbeitsverhältnisses
- Abschlusszeugnis: Ausstellung mit Beendigung des Arbeitsverhältnisses

Vertiefungsaufgaben

1. Ordnen Sie durch Ankreuzen zu, für welche Kündigung die Aussagen zutreffen.

Aussage	ordentliche Kündigung	außerordentliche Kündigung	trifft nicht zu
a) Die Kündigung muss schriftlich abgefasst sein.			
b) Das Wort Kündigung muss enthalten sein.			
c) Die Kündigung muss zugegangen sein.			
d) Der Empfang der Kündigung muss bestätigt sein.			
e) Es muss ein wichtiger Grund vorliegen.			
f) Die Kündigungsfrist muss eingehalten werden.			
g) Die Kündigung muss sozial gerechtfertigt sein.			

2. Antje Haase ist seit neun Jahren bei der Theissen KG beschäftigt. Am 5. Mai fliegt sie für vier Wochen nach Thailand, ihr Chef ist informiert. Als sie am 4. Juni zurückkehrt, findet sie in ihrem Briefkasten eine Kündigung vor, die am 6. Mai als Einwurfeinschreiben eingeworfen wurde.

   a) Wann endet ihr Arbeitsverhältnis? Begründen Sie Ihre Meinung.
   b) Kann sie gegen die Kündigung vor dem Arbeitsgericht klagen?

3. Am 3. Juni des Jahres geht nachfolgenden Mitarbeiterinnen und Mitarbeitern eine ordentliche Kündigung zu. An welchem Datum endet jeweils das Arbeitsverhältnis?

   a) Herr Hendricksen, seit 18 Jahren im Betrieb
   b) Frau Müller, noch in der Probezeit
   c) Herr Krauss, seit 22 Monaten im Betrieb
   d) Frau Plumm, seit 7 Jahren im Betrieb
   e) Herr Heisig, seit 41 Jahren im Betrieb

4. Michael Ernst, 51 Jahre alt, hat zwei noch zuhause lebende Kinder und ist seit 13 Jahren kaufmännischer Angestellter der Metall AG, ein Industrieunternehmen mit 425 Beschäftigten mit Sitz in Kassel. Vor 15 Monaten endete seine sechsjährige Betriebsratszugehörigkeit. Am 16. Juli geht ihm eine Kündigung zu mit der Begründung, dass sein Arbeitsplatz aufgrund einer Fusion mit einem österreichischen Unternehmen zukünftig entfalle, eine Weiterbeschäftigung komme für ihn nachweislich nicht infrage.

   a) Handelt es sich um eine ordentliche oder außerordentliche Kündigung?
   b) An welchem Datum endet das Arbeitsverhältnis?
   c) Wann würde es enden, wenn ihm die Kündigung bereits am 14. zugegangen wäre?
   d) Genießt Ernst besonderen Kündigungsschutz?
   e) Bis wann muss Ernst beim Arbeitsgericht Klage einreichen, wenn er den gesetzlichen Kündigungsschutz in Anspruch nehmen will?
   f) Ernst ist der Meinung, dass es sozial ungerechtfertigt ist, ausgerechnet ihm zu kündigen. Er stellt eine Liste mit Kandidaten auf, die aus seiner Sicht weniger schutzbedürftig sind als er (siehe Folgeseite oben). Prüfen Sie, ob er recht hat:

Name	Alter (Jahre)	Betriebs-zugehörigkeit (Jahre)	Hinweise
Herr Bahlhaus	55	14	verheiratet, ein Kind im Studium
Herr Patzke	54	22	verheiratet, keine Kinder
Frau Klawudtke	39	8	alleinerziehend, drei Kinder
Herr Schulte	36	9	ledig, unterhaltspflichtig
Herr Siebertz	34	6	ledig, Kredit für Hausbau aufgenommen
Frau Münch	24	5	ledig, schwerbehindert

5. Kreuzen Sie an, ob nachfolgende Aussagen richtig oder falsch sind.

Aussage	richtig	falsch
a) Ein qualifiziertes Arbeitszeugnis unterscheidet sich vom einfachen Arbeitszeugnis dadurch, dass der Arbeitnehmer/die Arbeitnehmerin besser qualifiziert ist.		
b) Das Arbeitszeugnis kann in Papierform oder auch als PDF erstellt werden.		
c) Das Zeugnis muss von den Vorgesetzten unterschrieben sein.		
d) Mit Beendigung des Arbeitsverhältnisses entsteht ein Anspruch auf Ausstellung eines Arbeitszeugnisses.		
e) Das Arbeitszeugnis muss die Arbeitsleistung besser darstellen, als sie ist.		
f) Der Betrieb entscheidet, ob Angaben zu Führung und Leistung in das Arbeitszeugnis aufgenommen werden.		

6. Verfassen Sie ein qualifiziertes Arbeitszeugnis für sich selbst. Beziehen Sie dabei Führung und Leistung auf Ihr Auftreten und Ihre Leistungen in der Schule. Das Arbeitszeugnis soll realistisch sein.

7. Herr Michaelis ist mit seinem Arbeitszeugnis nicht zufrieden. Helfen Sie Ihm, die Schritte einer Zeugnisberichtigung in eine sinnvolle Reihenfolge zu bringen und ordnen Sie die jeweils zuständige Person bzw. die jeweilige Institution zu:

- Arbeitsgericht
- Prozess führen
- Güteverhandlungen einleiten, in denen eine gütliche Einigung gesucht wird
- Herr Michaelis selbst
- Überprüfen der eigenen Selbsteinschätzung
- Vorgesetzte, die die Beurteilung geschrieben hat
- Überprüfen, ob beim Aufsetzen des Zeugnisses irrtümlich negative Formulierungen verwendet wurden
- Überprüfen, ob die dem Zeugnis zugrunde liegende Beurteilung wirklich so gemeint war
- Personalabteilung

8. Recherchieren Sie drei reale Kündigungsschutzfälle im Internet und stellen Sie Ihrer Klasse den interessantesten vor.

J Personalcontrolling

Praxisfall „Decker GmbH“

Das Personalcontrolling der Decker GmbH untersucht wichtige Größen und Entwicklungen rund um den Personalbestand des Unternehmens (z. B. die Höhe der Personalkosten oder der durchschnittlichen Fehlzeiten). Dazu werden zu Beginn einer Periode entsprechende Kennzahlen festgelegt und für jede Kennzahl eine Zielgröße („Soll-Wert“) bestimmt. Am Periodenende werden dann die Ist-Werte den ursprünglichen Soll-Werten gegenübergestellt und Abweichungen analysiert.

Herr Pinkawa, Leiter der Personalabteilung, hat zum Ende des Geschäftsjahres Frau Siebertz zu einem Gespräch eingeladen, um über die bevorstehenden Abweichungsanalysen zu sprechen.

Siebertz: Guten Morgen Herr Pinkawa! Sie wollten mich sprechen?

Pinkawa: Guten Morgen Frau Siebertz! Wir sind dringend verlegen um die Abweichungsanalysen unserer Kennzahlen. Könnten Sie das zeitnah erledigen?

Siebertz: Ja klar, kein Problem!

Pinkawa: Gut. Aber wir machen das dieses Jahr etwas anders. Bislang hatten wir ja unsere Soll-Werte immer auf Grundlage der Ist-Werte geplant, vielleicht wissen Sie das noch?

Siebertz: Ich glaube, wir hatten gesagt: „Vorjahr plus fünf Prozent“?

Pinkawa: Ja richtig. Aber das ändern wir jetzt. Ich komme direkt vom Verbandstreffen ...

Siebertz: Verbandstreffen?

Pinkawa: Ja, wir sind ja Mitglied im Verband deutscher Elektrotechnikbetriebe. Und alle Mitglieder bekommen zukünftig einen Online-Zugang zur Datenbank des Verbandes. Da können wir unter anderem Branchendurchschnittswerte zu allen möglichen Kennzahlen einsehen. Damit ist es uns fortan möglich, unsere Personalkennzahlen mit dem Branchendurchschnitt zu vergleichen.

Siebertz: Das nennt man Benchmarking[1], oder?

Pinkawa: Ganz genau! Ich möchte gern die Branchendurchschnittswerte zukünftig als Soll-Werte ansetzen und habe sie deshalb bereits in der Tabelle vorgetragen. Nur damit Sie sich nicht wundern, wo die herkommen. Die Ist-Werte bekommen Sie morgen früh.

Siebertz: Aye aye Sir, also Branchendurchschnitt als Soll- und Ist-Werte bekomme ich morgen.

Pinkawa: Gut. Ich würde Sie bitten, die Kennzahlen zu ermitteln, auszuwerten und ggf. entsprechende Empfehlungen abzuleiten. Das Ganze in einer kurzen Präsentation auf der nächsten Abteilungsbesprechung, ca. 10–15 Minuten, nicht mehr.

Siebertz: Alles klar, Chef, dann lege ich mal los. Ihnen noch einen schönen Tag!

Pinkawa: Den wünsche ich Ihnen auch!

1 Benchmarking: Vergleichende Analyse mit dem Branchendurchschnitt oder dem Branchenprimus

1 Ermitteln von Personalkennzahlen

Am Morgen des Folgetages findet Frau Siebertz folgende Mails in ihrem E-Mail-Postfach:

Von: Ulrike Jenkins <jenkins-rechnungswesen@decker.de>
Betreff: Daten für Abweichungsanalyse
Datum: 30. Dezember 20..
An: Annika Siebertz <siebertz-personal@decker.de>

Hallo Annika,

anbei die angefragten Ist-Werte für das abgelaufene Geschäftsjahr und das Vorjahr:

	Geschäftsjahr	**Vorjahr**
Ausbringungsmenge (Stück)	29.400	28.812
Gesamtkosten (€)	33.163.200,00	33.882.912,00
Personalkosten (€)	11.128.320,00	10.281.600,00

Gruß aus dem Rechnungswesen, Ulrike

Von: Klaas Uterson<uterson-personal@decker.de>
Betreff: Daten für Abweichungsanalyse
Datum: 30. Dezember 20..
An: Annika Siebertz <siebertz-personal@decker.de>

Halli hallo ins Nachbarbüro!

Anbei die Ist-Werte. Ich habe das nochmal überprüft: Wir hatten in beiden Jahren acht Stunden tägliche Arbeitszeit, die Fünftagewoche und 48 Arbeitswochen im Jahr.

	Geschäftsjahr	**Vorjahr**
Durchschnittlicher Personalbestand	161	153
Anzahl Führungskräfte	10	10
Anzahl Frauen	53	46
Anzahl Auszubildende	10	11
Anzahl Krankheitstage	2.241	773
Anzahl Überstunden	14.838	23.501
Anzahl Abgänge	11	6

Gruß, Klaas

ARBEITSAUFTRAG

Helfen Sie Frau Siebertz, mithilfe der Informationen und dem nachfolgenden Infotext die angegebenen Kennzahlen und ihre Soll-Ist-Abweichungen zu ermitteln. Runden Sie alle Ergebnisse auf zwei Nachkommastellen.

Abweichungsanalyse (Angaben pro Jahr)					
Kennzahl	Soll-Werte (Branchen-durchschnitt)	Ist-Werte			Soll-Ist-Abweichung (Prozent-punkte)
		Geschäfts-jahr	Vorjahr	Entwicklung (%)	
Führungskräftequote (%)	6				
Frauenquote (%)	35				
Auszubildendenquote (%)	8				
Personalkostenquote (%)	33				
Personalkosten je MA (€)	70.000,00				
Produktivität (Stück)	190				
Fluktuationsquote (%)	5				
Krankheitsquote (%)	2,5				
Überstundenquote (%)	6				

Nebenrechnungen:

Infotext: Personalkennzahlen

Personalkennzahlen sind ein Instrument des Personalcontrollings. Sie drücken Sachverhalte und Zusammenhänge rund um das betriebliche Personal aus. Dabei ist zwischen absoluten Personalkennzahlen (z. B. Personalbestand, Nettopersonalbedarf) und relativen Personalkennzahlen (z. B. Verhältnis von Teilzeitkräften zum Personalbestand) zu unterscheiden. Darüber hinaus unterscheidet man Soll-Kennzahlen (Planwerte zu Periodenbeginn) und Ist-Kennzahlen (tatsächlich gemessene Werte am Periodenende). Personalkennzahlen können für den Gesamtbetrieb und für betriebliche Teilbereiche (z. B. Abteilungen) ermittelt und auf unterschiedliche Perioden (Monat, Quartal, Halbjahr, Jahr) bezogen und abhängig vom Erkenntnisziel auch abweichend definiert werden.

Beispiele

Personalkennzahlen zur Personalstruktur	
Angestelltenquote (%)	$\frac{\text{Anzahl Angestellte} \cdot 100}{\text{Ø Personalbestand}}$
Führungskräftequote (%)	$\frac{\text{Anzahl Führungskräfte} \cdot 100}{\text{Ø Personalbestand}}$
Frauenquote (%)	$\frac{\text{Anzahl weibliche Beschäftigte} \cdot 100}{\text{Ø Personalbestand}}$
Teilzeitquote (%)	$\frac{\text{Anzahl Teilzeitkräfte} \cdot 100}{\text{Ø Personalbestand}}$
Auszubildendenquote (%)	$\frac{\text{Anzahl Auszubildende} \cdot 100}{\text{Ø Personalbestand}}$

Personalkennzahlen zu Personalbewegungen	
Einstellungsquote (%)	$\frac{\text{Anzahl Einstellungen} \cdot 100}{\text{Anzahl Bewerbungen}}$
Fluktuationsquote (%)	$\frac{\text{Anzahl Abgänge} \cdot 100}{\text{Ø Personalbestand}}$
Eigenkündigungsquote (%)	$\frac{\text{Anzahl Eigenkündigungen} \cdot 100}{\text{Ø Personalbestand}}$

Personalkennzahlen zu Personalkosten	
Personalkostenquote (%)	$\frac{\text{Personalkosten} \cdot 100}{\text{Gesamtkosten}}$
Personalkosten je MA[1] (€)	$\frac{\text{Personalkosten}}{\text{Ø Personalbestand}}$
Personalnebenkostenquote (%)	$\frac{\text{Personalnebenkosten} \cdot 100}{\text{Personalkosten}}$

Sonstige Personalkennzahlen	
Produktivität (Stück)	$\frac{\text{Ausbringungsmenge}}{\text{Ø Personalbestand}}$
Umsatz je MA (€)	$\frac{\text{Umsatz}}{\text{Ø Personalbestand}}$
Krankheitsquote (%)	$\frac{\text{Anzahl Krankheitstage} \cdot 100}{\text{Ø Soll-Arbeitstage}}$
Überstundenquote (%)	$\frac{\text{Anzahl Überstunden} \cdot 100}{\text{Ø Soll-Arbeitsstunden}}$
Weiterbildungszeit je MA (Tage)	$\frac{\text{Anzahl Weiterbildungstage}}{\text{Ø Personalbestand}}$

1 MA = Mitarbeiterin bzw. Mitarbeiter

2 Auswerten der Personalkennzahlen

Die Soll-Ist-Abweichungen der Personalkennzahlen sollen ausgewertet und anschließend in der Abteilungsbesprechung präsentiert werden. Da Frau Siebertz unerwartet eine Dienstreise nach Madrid antreten muss, werden Sie gebeten, sie zu vertreten.

ARBEITSAUFTRÄGE

1. Stellen Sie relevante Werte der Abweichungsanalyse grafisch dar. Achten Sie dabei auf die Eignung der Diagrammarten (anschauliche Darstellung des jeweiligen Sachverhalts) und auf aussagefähige Beschriftungen (Diagrammüberschriften, Achsenbeschriftungen). **Tipp:** Erst auf Papier skizzieren, dann am PC umsetzen.

2. Erläutern Sie Ihre Grafiken. Unterscheiden Sie dabei klar zwischen Tatsachenaussagen (Fakten) und Interpretationen bzw. Vermutungen.

3. Leiten Sie gut begründete Empfehlungen für die Decker GmbH ab.

4. Fassen Sie Ihre Ergebnisse in einer überzeugenden Präsentation (10–15 Minuten) zusammen.

Skizzen

Kompaktwissen

Funktionen (Aufgaben) des Personalcontrollings

Planung

Eigenständige Planung oder Unterstützung der Planung der Führungskräfte

Beispiele
- Abteilungsziele
- Abteilungsbudgets
- Personalbedarf
- Personalkosten

Information

Bereitstellen übersichtlich dokumentierter Informationen für Führungskräfte

Beispiele
- Aufbau eines Berichtswesens
- Information über Kennzahlen
- Aufbereitung der Daten

Steuerung

Ableiten von Schlussfolgerungen aus Soll-Ist-Vergleichen

Beispiele
- Empfehlen konkreter Maßnahmen
- Vorbereiten von Entscheidungen

Kontrolle

Soll-Ist-Kontrollen (Monat, Quartal, Halbjahr, Jahr)

Beispiele
- Personalkosten
- Personalstruktur
- Personalbewegungen

Arten des Personalcontrollings

abhängig vom Planungshorizont

- **Operatives Personalcontrolling**: Kurz- bis mittelfristiger Planungshorizont
- **Strategisches Personalcontrolling**: Langfristiger Planungshorizont

abhängig von der Art der Informationen

- **Quantitatives Personalcontrolling**: Analyse messbarer Kennzahlen
- **Qualitatives Personalcontrolling**: Analyse „weicher Faktoren" (nicht direkt messbarer Werte)

Controlling-Regelkreis

Vertiefungsaufgaben

1. Erläutern Sie, was man unter Personalkennzahlen versteht und welche Arten zu unterscheiden sind.

2. Kreuzen Sie zu jeder Aussage an, ob sie richtig oder falsch ist. Erläutern Sie die Sachlage für den Fall, dass die Aussage falsch ist.

Aussage	richtig	falsch	Erläuterung, wenn „falsch“
a) „Controlling“ bedeutet nichts anderes als „Kontrolle“.			
b) Die Formeln für die Personalkennzahlen sind einheitlich definiert.			
c) Personalkennzahlen sind stets Verhältniszahlen (Quotienten).			
d) Personalkennzahlen sind ein Instrument des quantitativen Controllings.			
e) Personalkennzahlen beziehen sich nur auf das Personal der Personalabteilung.			

3. Der Benradt & Wolf GmbH liegen folgende Daten vor:

	Geschäftsjahr	Vorjahr
Umsatz (€)	147.492.120,00	142.742.000,00
Gesamtkosten (€)	140.117.514,00	129.895.220,00
Personalkosten (€)	37.143.552,00	36.787.200,00
Personalbestand (MA)	452	479

   a) Ermitteln Sie die Kennzahlen „Umsatz je Mitarbeiter/-in“, „Personalkosten je Mitarbeiter/-in“ und „Personalkostenquote“ für beide Jahre und die jeweilige Entwicklung in Prozent.

   b) Erläutern Sie Ihre Ergebnisse und mögliche Ursachen der Entwicklung.

4. Aus welchen Gründen werden folgende Kennzahlen ermittelt?

   a) Angestelltenquote
   b) Altersstruktur (Anzahl Arbeitnehmer/-innen in den verschiedenen Altersgruppen)
   c) Anzahl der Verbesserungsvorschläge je Mitarbeiter/-in
   d) Unfallquote (Verhältnis der Anzahl der Unfälle zur Gesamtzahl der Arbeitsstunden)
   e) Flexi-Quote (Verhältnis von Leiharbeitnehmern/-arbeitnehmerinnen und Beschäftigten mit befristeten Arbeitsverträgen zum Personalbestand)

5. Inwiefern kann das Personalcontrolling die Planung des Bruttopersonalbedarfs unterstützen?

K Sachwortverzeichnis

A

B

C

D

E

F

G

H

I

J

K

L

M

N

O

P

Q

R

S

L Quellenverzeichnisse

Bildquellen

fotolia.com, New York: contrastwerkstatt 40.1; Dierks, Janina 31.1; Kzenon 106.1; nd3000 99.1; Picture-Factory 107.1.

Hild, Claudia, Angelburg: 118.1.

iStockphoto.com, Calgary: Ridofranz 92.1.

Jouve Germany GmbH & Co. KG, München: 100.1, 120.1, 131.1, 131.2, 131.3, 131.4, 131.5.

Lumina Datamatics GmbH, München: 102.1, 121.1.

Picture-Alliance GmbH, Frankfurt a.M.: dpa-infografik 91.1.

stock.adobe.com, Dublin: Allistair F 110.1; contrastwerkstatt Titel, 10.1; Dan Race 29.1; DDRockstar 33.1; EKH-Pictures 7.1; Kneschke, Robert 13.1, 27.1, 139.1; Picture-Factory 37.1; pictworks 35.1.

Stollfuß Verlag - Zweigniederlassung der Lefebvre Sarrut GmbH, Bonn: 68.1, 68.2, 68.3, 68.4, 79.1, 79.2, 79.3, 79.4.

Literatur

Anger, G. u.a.: *Personalwirtschaft*, 5. Auflage, Köln 2012

Becker, M.: *Personalentwicklung*, 6. aktualisierte und überarbeitete Auflage, Stuttgart 2013

Berthel, J.; Becker, F. G.: *Personal-Management*, Grundzüge für Konzeptionen betrieblicher Personalarbeit, 11. vollständig überarbeitete Auflage, Stuttgart 2017

Däubler, W.: *Arbeitsrecht – Ein Ratgeber für Beruf, Praxis und Studium*, 12., überarbeitete Auflage, Frankfurt am Main 2017

Eisele, D.; Doyé, T.: *Praxisorientierte Personalwirtschaftslehre – Wertschöpfungskette Personal*, 7., vollständig überarbeitete Auflage, Stuttgart 2010

Hentze, J.; Graf, A..; Kammel, A.; Lindert, K.: *Personalführungslehre*, 4. Auflage, Tübingen 2005

Kolb, M.: *Personalmanagement: Grundlagen und Praxis des Human Resources Managements*, 2. Auflage, Wiesbaden 2010

Olfert, K.: *Personalwirtschaft*, 17., aktualisierte Auflage, Herne 2019

Ridder, H.G.: *Personalwirtschaftslehre*, 5. Auflage, Stuttgart 2015

Ryschka, J.; Solga, M.; Mattenklott, A.: *Praxishandbuch Personalentwicklung*, 3. Auflage, Wiesbaden 2011

Schanz, G.: *Personalwirtschaftslehre – lebendige Arbeit in verhaltenswissenschaftlicher Perspektive*, 3., neu bearbeitete und erweiterte Auflage, München 2000

